基 于
拓扑化学反应原理调制的
新型发光材料

侯京山 房永征 著

上海交通大学出版社
SHANGHAI JIAO TONG UNIVERSITY PRESS

内容提要

本书主要介绍了基于拓扑化学反应原理，开发面向生物成像、白光 LED 应用的新型发光材料的研究工作。本书讨论了拓扑化学反应对材料的晶体结构、发光中心的局域结构及晶体场环境的影响，以及由此引起的光谱强度与发光位置的变化，并对结构与发光性能的关系进行了讨论。本书可供离子掺杂荧光粉领域的科研工作者与研究生阅读和参考。

图书在版编目(CIP)数据

基于拓扑化学反应原理调制的新型发光材料/侯京山，房永征著. —上海：上海交通大学出版社，2022.7

ISBN 978-7-313-26532-6

Ⅰ.①基… Ⅱ.①侯…②房… Ⅲ.①化学—拓扑—影响—发光材料—研究 Ⅳ.①TB34

中国版本图书馆 CIP 数据核字(2022)第 012228 号

基于拓扑化学反应原理调制的新型发光材料

JIYU TUOPU HUAXUE FANYING YUANLI TIAOZHI DE XINXING FAGUANG CAILIAO

著　　者：侯京山　房永征

出版发行：上海交通大学出版社　　地　　址：上海市番禺路 951 号

邮政编码：200030　　电　　话：021-64071208

印　　制：苏州市古得堡数码印刷有限公司　　经　　销：全国新华书店

开　　本：710mm×1000mm　1/16　　印　　张：10.25

字　　数：156 千字

版　　次：2022 年 7 月第 1 版　　印　　次：2022 年 7 月第 1 次印刷

书　　号：ISBN 978-7-313-26532-6

定　　价：65.00 元

版权所有　侵权必究

告读者：如发现本书有印装质量问题请与印刷厂质量科联系

联系电话：0512-65896959

前言

光是地球生命的来源之一，是人类感知世界的工具。同时，光也是信息的理想载体和传播媒质。X 射线、紫外光、可见光、红外光都属于光。人们对于光的认识和利用，极大地推动了社会的发展和科技的进步。从使用火把点亮黑夜，到现在的万紫千红、灯光璀璨，人们的生产和生活已经离不开光。

以 X 射线为例，其作为电磁波谱中能量覆盖范围很大的一个波段，携带了大量信息，对它的观测是研究物质内部结构及其与物质相互作用过程的重要手段，在宇宙探测、航空航天、工业应用及生物医学领域均具有积极重要的应用价值。紫外光具有杀菌的功能，因此人类常用它来对付难缠的细菌、病毒。此外，紫外线(UV)比一般的可见光更具有穿透能力，所以科学家也常用紫外线来开展透视或鉴定的工作，例如利用紫外线查图像的真伪、食品安全，甚至在探索太空时，紫外线都可以派上用场。可见光可用于照明、显示、遥感技术、通信技术、云图等方面。红外光又称为红外线，是波长比可见光长的电磁波(光)，波长为 770 nm 到 1 mm，热作用很强，可以用于生物成像、已知物的鉴定、未知物结构的测定等。

长期以来，人们总是被动地接收光。而特殊波段的光，并不容易主动获得。人们通过使用发光材料来实现光转换，以此来主动获得特定波段的光。如在照明领域，人们为了获得白光，经历了从钻木取火、蜡烛、白炽灯、日光灯到新型半导体照明光源的漫长探索。特别是白光发光二极管（white light emitting diode，WLED）的发现，由于节能环保、寿命长、效率高、绿色环保等优点，WLED 被誉为下一代绿色照明光源。据了解，如果将世界上所有传统的白光光源转换为节能 LED 光源，能源消耗可减少约 1 000 TW/a，相当于 230 个典型的 500 MW 燃煤电厂，减少温室气体排放约 2 亿吨。而这种绿色光源需要依赖荧光转换材料，以实现白光发射。近红外（near infrared，NIR）在生物窗口Ⅰ（650～950 nm）和Ⅱ（1 000～1 350 nm）中具有比 UV 或可见光高得多的组织穿透能力，并且对于体内光学成像具有优越性。由于组织自发荧光和散射显著减少，生物窗口Ⅱ中的 NIR 可以提供比生物窗口Ⅰ中更高的组织穿透力。在生物窗口Ⅱ中的荧光材料有碳纳米管、Bi 掺杂的铝硅酸盐纳米颗粒、Ag_2Te 和 Ag_2S 量子点等。由此可见，发光材料的使用是我们主动获取和利用光的重要途径。对于新型发光材料的探索也可以帮助我们实现更多、更优的光功能，从而进一步推动人类生活品质的提升和社会的发展。

发光材料的开发研究涉及配位化学、无机功能材料、固体化学等众多领域。对于离子（如过渡金属离子和稀土离子）掺杂的光转换材料来说，其性质对晶体结构、晶体场环境及局域配位环境具有很强的依赖性。然而，在保持晶体结构的同时，通过局域结构的调控实现晶体场环境优化，进而实现发光材料的光谱调控，仍然是一项具有挑战性的工作。相较于传统的气氛还原方法（如 H_2 气氛还原），拓扑化学反应具有更高的热力学反应活性，可以在广泛的温度范围内，通过剥夺目标阳离子配位阴离子的方式，对阳离子进行还原，并改变其局域配位环境，从而实现材料的性能调控。拓扑化学反应因此在超导材料、磁性材料、石墨烯等材料的改性、优化中得到应用，从而启发我们运用拓扑化学反应实现新型发光材料的开发研究工作。

本书一共分为 9 章。第 1 章对发光材料的分类、几种常见发光中心的发光原理、发光材料的制备方法以及拓扑化学反应原理等几方面进行了简要介绍，适合初次涉足此领域的读者阅读。第 2 章到第 8 章介绍了基于拓扑化学反应原理调制的新型发光材料的研究成果，分别对磷酸盐（第 2 章）、硅酸盐

(第 3 章～第 5 章)、稀土元素氧化物(第 6 章和第 7 章)等发光材料的调制过程进行了介绍,并对其光谱调控机理进行了分析和讨论。第 9 章是对研究工作的总结与展望。

本书的撰写工作主要由侯京山完成。硕士研究生刘静慧、田小平、章开、黄亚兰完成了本书的实验操作描述、材料性能表征与分析,硕士研究生曹艳蓉、苏一博、郭润泽、覃志宇、殷文祥等在资料的收集和汇总过程中做了大量工作,在此一并表示衷心的感谢。同时,感谢上海应用技术大学房永征教授、东华大学蒋伟忠教授、苏州大学孙洪涛教授,以及中国科学院上海硅酸盐研究所的黄富强研究员对发光材料开发和机理分析给予的指导。

由于作者水平和经验有限,书中可能存在缺点和错误,恳请读者批评指正。希望本书的内容能为新型发光材料的开发和性能优化提供借鉴思路和技术参考。

侯京山

目 录

第1章 绪论

发光材料是指能够以某种方式吸收能量,并将其转化成光辐射的物质。当发光材料受到激发(射线、高能粒子、电子束、外电场、紫外光、可见光、红外光等)后,物质将处于激发态,激发态的能量会通过光或热的形式释放出来。如果这部分能量是位于紫外光、可见光或者近红外光的电磁辐射,则这个过程称为发光过程。按照材料的组成成分,可以将发光材料分为无机发光材料和有机发光材料两大类。无机发光材料中的典型代表为稀土离子发光材料,具有吸收能力强、转换率高,且物理、化学性质稳定等诸多优点,同时依赖于稀土离子丰富的能级和4f电子跃迁特性,稀土离子发光材料在照明、显示、信息通信等重要领域获得广泛应用。

无机发光材料的传统制备方法是高温固相法,但随着新技术的更新,发光材料性能指标的要求日益提升。一些新的方法,如燃烧法、溶胶-凝胶法、水热法、微波法等应运而生,以期克服经典合成方法固有的缺陷。然而,稀土离子或者过渡金属离子的发光行为极易受晶体场环境影响,而现有的制备方法偏向于基础合成及形貌控制,对发光离子的局域结构、晶体场环境的影响及调控较为有限。拓扑化学反应(topochemical reaction)由于具备更高的热力学反应活性,可以高效地完成目标阳离子的配位结构调控,从本质上改变发光中心阳离子的配位环境(配位数、配位多面体构型),以及通过引入新结构(阴离子空位,如氧空位)实现发光中心晶体场环境的优化和调控,从而为发光材料的功能调控带来了无限可能。

本章将主要介绍发光材料的定义、分类及常用的制备方法，并对拓扑化学反应的发展历史及其在发光材料研发过程中的贡献做简要介绍。

1.1 发光材料

发光材料是光功能器件实现光转换的核心。通常情况下，发光材料可以分为两部分：基质和发光中心（激活剂）。发光中心通过其电子在不同能级之间的跃迁来吸收和发射光子，从而形成发光现象。而基质则作为发光中心的载体，为发光中心提供合适的晶体场环境。晶体场环境可以影响发光中心的能级位置和能级劈裂，或者吸收能量后通过能量转移的方式将能量传递给发光中心，进而影响发光性能，表现为相同的发光中心在不同的基质材料中所表现的发光性能迥异。

1.1.1 基质材料

基质作为发光材料的主体，是发光中心的载体、“宿主”，其晶体结构决定了发光中心所处的初始晶体场环境。不同基质体系的荧光粉有其特征的基质吸收带。对于某些特殊的稀土掺杂离子，如铕离子和铈离子，其发光性能随着基质体系的不同而发生很大改变。随着人们对发光材料的持续研发，具有特殊结构及组分的优异基质材料不断涌现，如石榴石基质材料、硼酸盐、硅酸盐、铝酸盐等。

1) 石榴石基质材料

石榴石的一般公式是$\{A\}_3[B]_2(C)_3O_{12}$，其中 A、B、C 是不同对称位点的阳离子，石榴石结构可以用 160 个原子体中心的立方单元格来描述。钇铝石榴石（$Y_3Al_5O_{12}$ 或 YAG）和其掺杂 Ce^{3+} 形成的一系列衍生物，在阴极射线荧光粉、色彩校正闪烁晶体、余辉材料以及颜色转换白光发光二极管（WLED）上具有悠久的历史应用[1-2]。YAG 作为一个典型的石榴石结构的例子，它拥有对称的立方体结构，虽然结构是立方体，但是其晶胞单元并不简单。

在图 1－1 所示的晶体结构中，A 原子占据十二面体配体，B 原子占据八面体配体，C 原子占据四面体配体。每个八面体连接到六个四面体，而每个四面体通过共享角连接到四个$[AlO_6]$八面体。正是由于三个不同的阳离子位点的存在，Ce^{3+} 掺杂的石榴石的结构具有显著的灵活性，可以通过各种阳离子取代来调节和特定优化其发光性质。

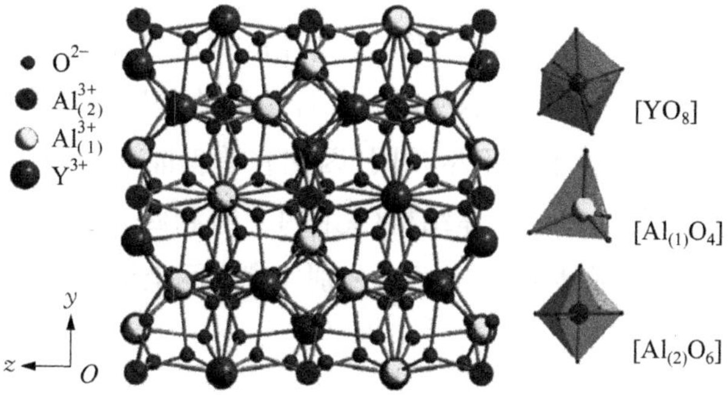

图 1-1 YAG 晶体结构示意图

纯净的 YAG 无色，立方晶体结构使得稀土离子能够有效掺杂，且合成原料价格低廉，使得这种基质材料成为荧光粉、荧光晶体、荧光陶瓷等荧光材料的理想基质材料[3]。

2）磷酸盐基质材料

磷酸盐稀土在自然界中以天然矿物的状态存在，由于其稳定的物理性能、化学性能以及多样的晶体结构而成为制备荧光粉广泛使用的基质材料。如独居石型的 $LaPO_4$:Ce/Tb[4] 就是一种优良的绿色荧光粉，其晶体结构如图 1-2 所示。

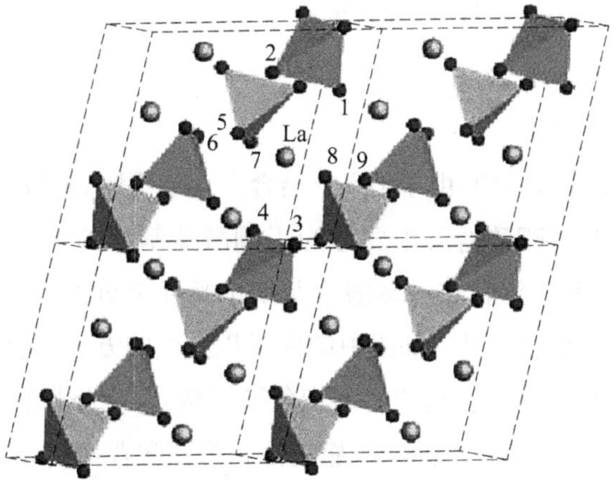

图 1-2 独居石型的 $LaPO_4$ 晶体结构

通式 $RePO_4$(Re 为稀土离子)一般用来表示稀土磷酸盐结构。由于它具有良好的光学性能,因此广泛应用于彩色电视机、热释发光检测和量子光学等领域。其中,四种离子(Y^{3+}、La^{3+}、Gd^{3+} 和 Lu^{3+})具有全空($4f^0$)、半充满($4f^7$)和全充满($4f^{14}$)的电子层结构[5],这样的磷酸盐基质不存在无辐射的 $f \rightarrow f$ 跃迁,从而减少能量消耗,所以这几种磷酸盐基质得到广泛研究。由于稀土磷酸盐中稀土离子半径不尽相同,因此有单斜晶系的独居石型结构(见图 1-2)、六方相的 $LaPO_4$ 晶体结构(见图 1-3)和四方相的锆石型结构(见图 1-4)三种不同的晶体结构,a、b、c 分别代表空间坐标轴的方向。

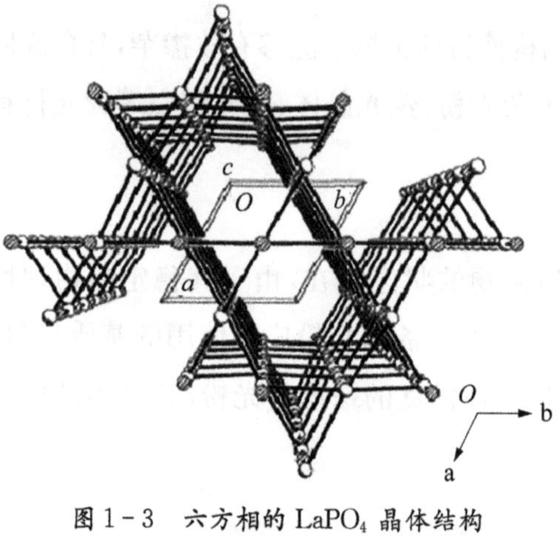

图 1-3 六方相的 $LaPO_4$ 晶体结构

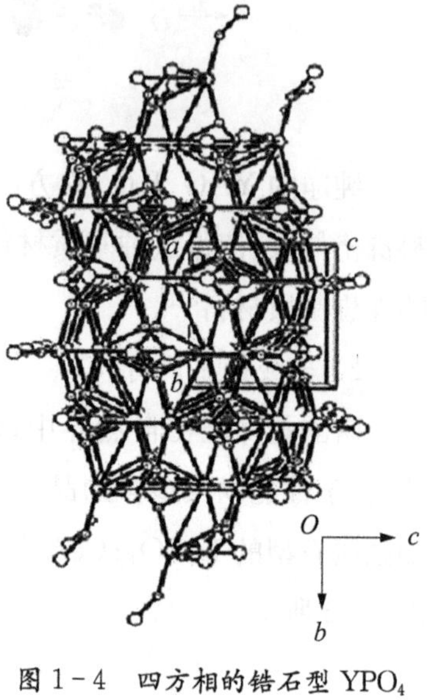

图 1-4 四方相的锆石型 YPO_4 晶体结构

3) 硼酸盐基质材料

在硼酸盐基质材料中,由于 B—O 结合方式的不同,硼酸盐的种类也多种多样。按不同组成,硼酸盐可主要分为正硼酸盐基质的稀土发光材料、三硼酸盐基质的稀土发光材料和多硼酸盐基质的稀土发光材料三种类型。在硼酸盐基质材料中因为[BO_3^{3-}]基团中的原子以 sp^2 的方式进行轨道杂化,3 个 O 原子和 1 个 B 原子结合,构成平面三角形结构,其化学性质稳定,稀土硼酸盐基质材料也因此具有良好的光学稳定性。荷兰学者在 20 世纪 80 年代首次研究了 $InBO_3$ 稀土发光材料,并将其应用在阴极射线管上,使得正硼酸盐发光材料得以发展。在此研发基础上，Poort 等[5]在 $ScBO_3$ 晶体中掺杂 Pr^{3+} 后大大改善了其光学性能，使得稀土硼酸盐基质材料进一步发展。欧美等国家和地区的科学家于 21 世纪初期在 $InBO_3$、$ScBO_3$ 等基础上进一步研制出了一系列性能优良的光学材料。

4) 硅酸盐基质材料

在发光材料中，硅酸盐由于其原料丰富、制备方法简单、晶体结构稳定，成为理想的稀土发光基质材料。在众多的硅酸盐化合物中，碱土金属正硅酸盐 Ba_2SiO_4 的结构属斜方晶系，与 $\beta-K_2SO_4$ 相同。而在 $3M_2SiO_4$(M = Ca, Sr, Ba)晶体结构中存在 M(1)(10 个 O 配位)和 M(2)(9 个 O 配位)两种晶格位点，当在 M_2SiO_4 晶体结构中掺杂发光中心 Eu^{2+} 时，Eu^{2+} 可以占据 M(1)或 M(2)两种晶格位点。例如 $Sr_2SiO_4:Eu^{2+}$ 中，Eu^{2+} 会占据 Sr(1)和 Sr(2)两种晶格位点，这也导致了 $Sr_2SiO_4:Eu^{2+}$ 荧光粉的发射光谱中存在 2 个宽的发射峰(发射中心分别为 495 nm 和 570 nm)。在低温条件下，$Ca_2SiO_4:Eu^{2+}$ 以及 $Ba_2SiO_4:Eu^{2+}$ 也存在两个发射峰[6]，如图 1-5 所示。

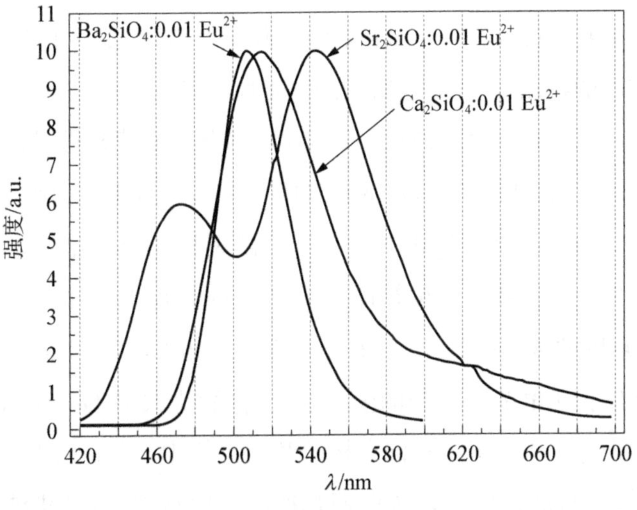

图 1-5 $M_2SiO_4:Eu^{2+}$ 荧光粉(M = Ca, Sr, Ba)的发射光谱(激发波长 λ_{ex} = 370 nm)

图 1-6 所示为不同碱土金属含量的 $M_2SiO_4:Eu^{2+}$ 荧光粉的发射峰位置，从该图中可以看出，我们可以基于硅酸盐基质的种种优点，通过调控碱土

含量进一步调控 Eu^{2+} 的发光位置。

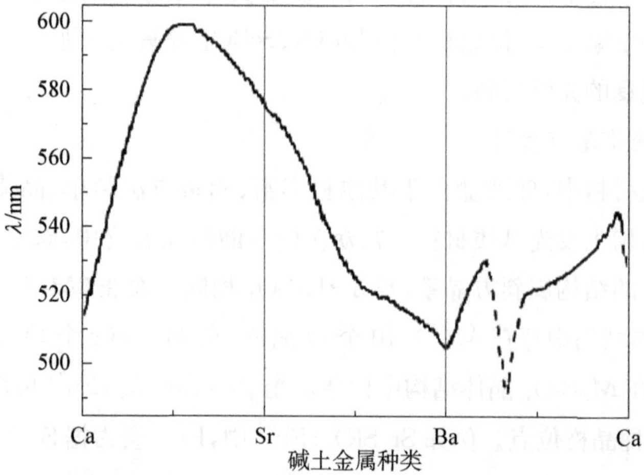

图 1-6　不同碱土金属含量的 $M_2SiO_4:Eu^{2+}$ 荧光粉的发射峰位置

5）稀土基质材料

以氧化钆(Gd_2O_3)作为基质的 Gd_2O_3 声子能量低，跃迁概率高，是非常合适的基质材料。以氧化钆为基质，Eu^{3+} 作为激发剂，结合 Eu^{3+} f→f 跃迁受外场影响较小的特点，可以合成所需的发光性能稳定的荧光粉。

近年来，不少科研工作者对于 Gd_2O_3 作为基质的荧光粉展开了大量的研究，如张吉林等[7]合成了 $Gd_2O_3:Re^{3+}$ ($Re^{3+} = Tb^{3+}$，Eu^{3+})纳米棒，发现量子产率导致其与体相材料相比 Eu^{3+}、Tb^{3+} 出现特征峰宽化的现象。刘春旭等[8]通过大量的实验数据分析并计算了立方 $Gd_2O_3:Eu^{3+}$ 晶体结构中 C_2 格位、S_6 格位点阵的数目接近 3∶1；在小尺寸的纳米 $Gd_2O_3:Eu^{3+}$ 荧光粉中，基质的激发强度大于电荷迁移带的激发强度，而较大尺寸 $Gd_2O_3:Eu^{3+}$ 荧光粉中前者激发强度小于后者。在同结构的基质晶格中，当稀土离子占据一个较大的阳离子的格位时，Eu^{3+} 的吸收向长波的方向移动，而尺寸对电荷迁移带的形态影响不明显。谢平波等[9]用燃烧法合成了 $Ln_2O_3:Eu^{3+}$ ($Ln = Gd$, Y)，发现在纳米氧化物中，其界面缺氧，Eu—O 的电子云偏向 Eu，从而导致激发波长红移。尺寸越小，比表面积越大越容易缺氧，故随着尺寸的减小，激发波长的红移越明显。同时，纳米材料表面结构的不完全一致导致了 Gd_2O_3:

Eu^{3+}发射波长的宽化。当粒径小于 3 μm 时，散射强度增大，有效吸收强度减小，纳米材料的混乱程度增加，无辐射中心的数目增加导致发射强度随着粒径的减小而减小，但是猝灭浓度相对于高温固相法合成的 Gd_2O_3:Eu^{3+} 提高了 4 个百分点。

氧化镥 Lu_2O_3 是立方相结构，基质中含有大量的氧空位，结构既简单又特殊。Lu_2O_3 材料价带和导带间能带间隙很宽(约为 6.5 eV)，可以作为不同种类的有丰富发射能级的激活离子的基质材料，是一种极具应用前景的发光基质材料。Lu_2O_3 具有较大的密度(9.42 g/cm^3)、较高的熔点(2 427℃)。Lu 元素原子序数为 71，是镧系元素中最重的一个，它的 4f 壳层电子数为 14，属于满壳层结构，因而具有稳定的物理化学性质，近年来备受研究者的关注。Lu_2O_3 中的 Lu^{3+} 具有 C_2 和 S_6 两种格位。图 1-7 是 Lu_2O_3 晶体结构及 Lu^{3+} 的两种格位的示意图。

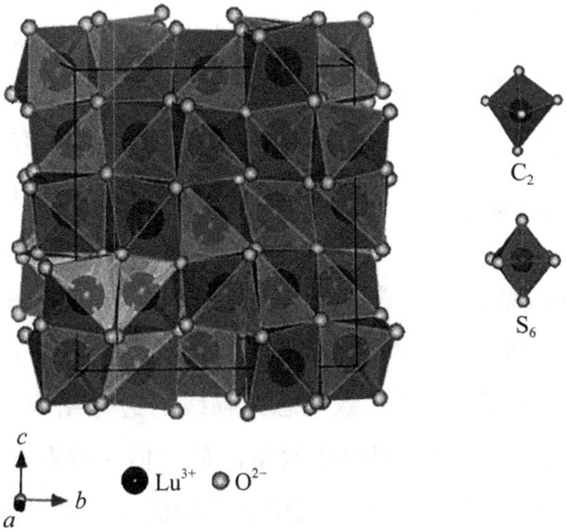

图 1-7 Lu_2O_3 晶体结构及 Lu^{3+} 的两种格位的示意图

在 Lu_2O_3 立方结构中，75%的 Lu^{3+} 占据 C_2 格位，无反演对称中心；25%的 Lu^{3+} 占据 S_6 格位，有反演对称中心。在这两种对称性格位中，Lu^{3+} 的配位数都为 6。C_2 格位中的 Lu^{3+} 所形成的三个 Lu—O 键长不同，键长分别为 2.183 Å、2.282 Å 和 2.239 Å($1\ Å=1\times10^{-10}$ m)；而 S_6 格位中的六个 Lu—O 键长相同，都为 2.247 Å。当 Lu_2O_3 中掺杂离子时，被掺杂的离子会按照固定

比例去取代 S_6 和 C_2 两种格位中的 Lu^{3+}，所以掺杂的激活离子可以通过对两个格位的不同取代比例来实现不同的光谱发射。

1.1.2 发光中心(激活剂)

发光物质只有在吸收能量后才能产生光辐射。物质的光致发光机制通常包含以下过程：激活剂被激发到较高的能级(10^{-11} s)，然后由高能级返回至低能级(10^{-8} s)时，释放出一个低能级光子(10^{-9} s)。

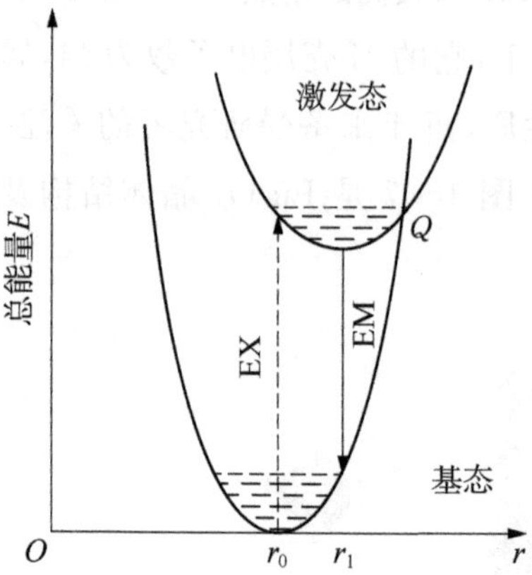

图 1-8 位形坐标图[10]

位形坐标模型通常用来描述激活剂的发光机制[10]。如图 1-8 所示，纵坐标代表激活剂(发光中心)的总能量 E；横坐标表示中心离子和周围配位离子的位形(configuration)，r_0 和 r_1 分别代表激活中心在基态(ground state)和激发态(excited state)时的平衡距离。图 1-8 中的位于基态和激发态曲线间的水平虚线代表振动状态。垂直箭头表示激发(excitation，EX)和发射(emission，EM)过程。根据富兰克·康顿原理(Frank-Condon principle)，系统的能量将由基态垂直跃迁至激发态。光吸收的跃迁将从最低的振动能级开始，因此大多数抛物线跃迁发生在 r_0 处，此处的振动波函数具有最大振幅，跃迁将在激发态抛物线的边缘结束，此时的激发态振动能级具有最大振幅，该跃迁对应吸收带的最大值。激发与发射能量的差异即为斯托克斯位移(Stokes shift)。当荧光体的温度超过一定值时，振动的能量使被激发了的激活剂到达激发态曲线的 Q 点位置，然后激活剂以无辐射的方式由激发态返回至基态，这就是所谓的温度猝灭。

发光中心的电子跃迁主要有以下几种类型[11]：

(1) $ns^2 \leftrightarrow nsnp$ 型。这类发光中心主要有 Ga^+、In^+、Sn^{2+}、Pb^{2+}、Bi^{3+}、Sb^{3+} 等。

(2) $3d^n \leftrightarrow 3d^n$ 型和 $4d^n \leftrightarrow 4d^n$ 型。这类激活剂主要为第一或第二过渡金属离子，如 Mn^{2+}、V^{2+}、Cr^{3+}、Mo^{3+}、Mn^{4+} 等。

(3) $4f^n \leftrightarrow 4f^n$ 型和 $5f^n \leftrightarrow 5f^n$ 型。此类主要是 Re^{3+}，如 Eu^{3+}、Pr^{3+}、Gd^{3+}、Tb^{3+}、Sm^{3+}、Nd^{3+} 等。

(4) $4f^n \leftrightarrow 4f^{n-1}5d$ 型。典型的如 Ce^{3+} 和 Eu^{2+} 中的跃迁。

其中，稀土离子和过渡金属离子的跃迁最常在荧光物质中使用。接下来，我们将系统地介绍一些典型离子的电子层结构及能级跃迁等内容，以便理解发光物质的发光行为。

1) Ce^{3+} 的性质及发光原理

Ce^{3+} 是常见的荧光粉发光中心，位于元素周期表中第六周期第Ⅲ副族，外层电子构型为 $4f^1 5d^1 6s^2$。Ce^{3+} 的 5d→4f 电子跃迁与自身的离子特性和基质材料的晶体结构有关，后者对于荧光粉性能的影响更大。Li 等[2]对基质材料 Ce^{3+} 的 5d→4f 电子跃迁进行了研究(见图 1-9)，结果发现 Ce^{3+} 周围局部的晶体结构变化影响着基质的光谱移动，4f 和 5d 能级决定了基质材料的激发和发射特性。

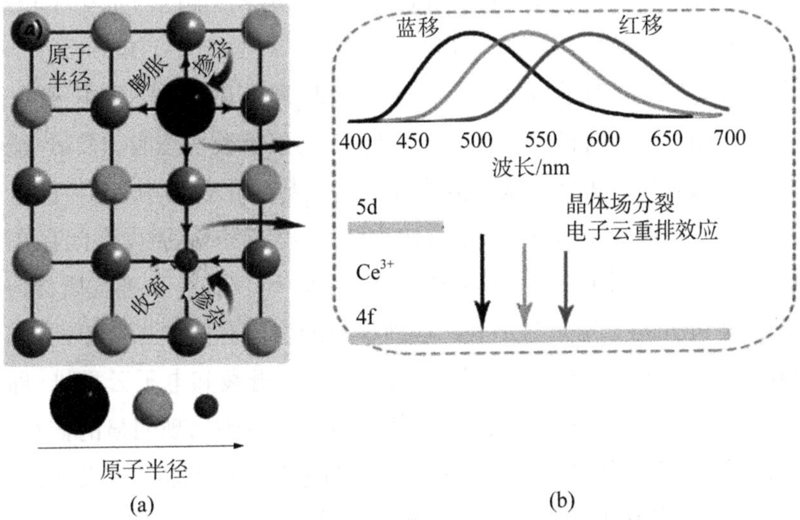

图 1-9 晶格变化引起光谱的红移和蓝移机理

根据能量学原理，Ce^{3+} 的 $4f^1$ 结构表现出高效的宽带发射，4f 基态和 5d 激发态之间存在较大的能量差，即 6.2 eV($50\,000\,cm^{-1}$)。由于 5d 轨道受到晶体场、主晶体共价性、对称性以及阴离子极化率的共同影响，调节主晶体的组成和结构可以调节 Ce^{3+} 的发射[12]。利用多伦斯提出的方程式，可以初步确定稀土离子在无机化合物中的 f→d 激发和 d→f 发射。$4f^n$ 最低水平和 $4f^{n-1}5d$ 能级间的能量差 $E(n,Q,A)$ 总是与 4f 壳层中的电子数 n 的大小相关[13]。Q 表示 4f/5d 能级能量，A 表示基质材料晶体的结构，红移 $D(Q,A)$ 表示能量差的影响，$S(Q,A)$ 代表斯托克斯位移。镧系离子和任何无机化合物中离子的三价态和二价态间，吸收能可由式(1-1)表示[13]：

$$E_{\text{abs}}(n, Q, A)=E_{A,\text{free}}(Q,A)-D(Q, A) \tag{1-1}$$

式中，$E_{A,\text{free}}(Q, A)$是每个镧系离子常数，其值等于或接近自由态(气态)镧系离子的 f→d 的跃迁能。在一个化合物中，已知某一镧系离子的 5d 第一能级能量时，即可测出红移 $D(Q,A)$，同时也可预测同一化合物中所有其他镧系元素的 5d 第一能级能量。这一方法成为研究人员深入研究稀土离子与基质发光特性的相关性，开发理想的稀土离子掺杂荧光粉的重要指导。

掺杂 Ce^{3+} 的基质材料可在近紫外或蓝光激发下进行可见光发射。目前商业 YAG:Ce^{3+} 黄色荧光粉在 450 nm 蓝光激发下得到了黄光发射光谱。将 YAG:Ce^{3+} 黄色荧光粉与蓝光芯片进行复合就能获取高光学性能的白光发射光谱。

2) Eu^{2+}/Eu^{3+} 的性质及发光原理

铕(Eu)在元素周期表中位于第六周期第Ⅲ副族，外层电子构型为 $4f^{n-1}5d^1$。Eu^{2+} 的 5d 轨道裸露在外层，当 Eu^{2+} 处于激发态时，$4f^6 5d^1$ 能级低于 $4f^7$ 电子组态的最低激发态 6p，因此在大多数的化合物中，Eu^{2+} 的电子跃迁都是 $4f^6 5d^1 \rightarrow 4f^7$。当 Eu^{2+} 处于自由态时，4f 基态和 5d 激发态间存在 4 eV (34 000 cm^{-1})的大能量差[12]。这种能量差使得 Eu^{2+} 被掺杂进基质材料中时可产生从紫外光到可见光的光谱。这种现象的出现有两种主要原因：晶体场劈裂和电子云重排。Eu^{2+} 的 5d 轨道周围晶体场劈裂和电子云重排(即重心偏移)都会明显降低能级间的能量差，使得可见光范围出现明显的蓝移现象。这些特性使得 Eu^{2+} 掺杂的基质材料可以与近紫外或蓝色芯片完美匹配，更利于其在白光 LED 中的应用。研究发现，晶体场劈裂效应对于 Eu^{2+} 的 5d 最高能级和最低能级间的能量差影响也有多重因素调控，如活化离子与配位体的共价度、配位阴离子的活化程度、原子的对称性和配位环境等。晶体场分裂能(D_q)可由以下方程式表示[12]：

$$D_q=\frac{1}{6}Ze^2\frac{r^4}{R^5} \tag{1-2}$$

式中，Z 是阴离子电荷数，e 是电子电荷数，r 是 d 层电子云波函数的半径，R 是离子键长。电子云重排的影响在此不做深层探讨，离子键长越短，晶体场分裂越强。Eu^{2+} 的发光性能受晶体场影响较大，同时磷酸盐由于制备方法简单、结构和成分易调整、物化性能稳定等优良性质，可广泛地用作 Eu^{2+} 掺杂的基质材料。例如 Liu 等[14]制备的 $Ca_{10}K(PO_4)_7:Eu^{2+}/Mn^{2+}$ 荧光粉具有良好的光学性质，还针对仅 Eu^{2+} 掺杂进基质材料的发光性能进行了研究。图 1-10 所示为荧光粉 $Ca_{10}K(PO_4)_7:Eu^{2+}$ 的发射光谱，可以看出 Eu^{2+} 掺杂的磷酸盐基质材料有良好的发光性能。

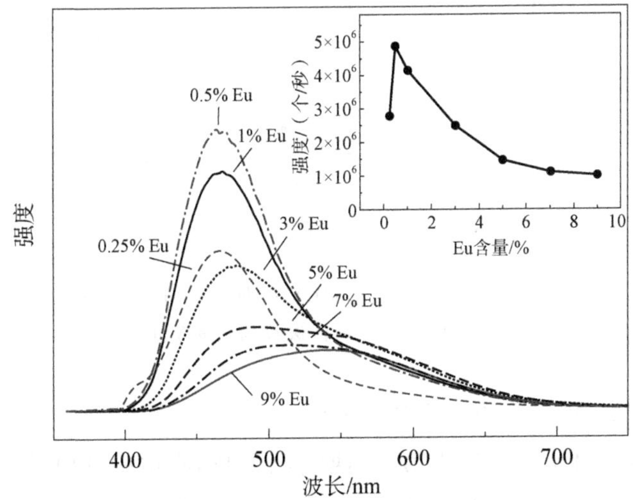

图 1-10 $Ca_{10}K(PO_4)_7:Eu^{2+}$ 在 347 nm 激发下的发射光谱

Eu^{3+} 掺杂红色荧光粉体系研究的历史悠久。这是由于 Eu^{3+} 具有红光窄带发射、色纯度高、发光效率高等优点，是一种优良的发光激活离子。Eu^{3+} 对所处晶体格位的对称性非常敏感，激发峰的强度会随着掺杂基质的不同发生变化，位于近紫外蓝光区域的激发主要是线谱吸收。Eu^{3+} 是典型的红光发射离子，通常发射源于 $^5D_0$ 到低能级 ^7F_J ($J=0,1,2,3,4,5,6$) 跃迁的红光，在某些基质中也会出现更高能级的跃迁 $^5D_1 \rightarrow {}^7F_J$（绿光）、$^5D_2 \rightarrow {}^7F_J$（绿、蓝光）、$^5D_3 \rightarrow {}^7F_J$（蓝光）。比如，在荧光材料 LaOF: Eu^{3+}[15] 和 $CaIn_2O_4$: Eu^{3+}[16] 中，当 Eu^{3+} 掺杂浓度比较低时，会出现来自高能级 $^5D_1$、$^5D_2$、$^5D_3$ 的发光，随着掺杂浓度的增加，因为交叉弛豫，高能级发光猝灭，只能观察到低能级$^5D_0 \to {}^7F_J$辐射跃迁发光。在一般情况下，Eu^{3+}掺杂的荧光材料发射源于低能级$^5D_0 \to {}^7F_J$辐射跃迁的红光。通常只有在低掺杂浓度和低声子频率的基质中才可以观察到高能级的发光。图 1 - 11 所示为Eu^{3+}的能级结构及电子跃迁。

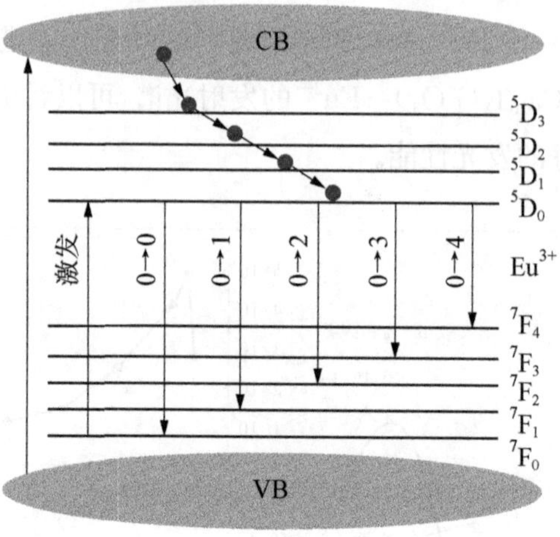

CB—导带(conduction band)；VB—价带(valence band)。

图 1 - 11　Eu^{3+}的能级结构及电子跃迁

3) Mn^{2+} / Mn^{4+}的性质及发光原理

锰(Mn)位于元素周期表第四周期第ⅦB族，在电中性原子态下，电子构型的排布为$1s^2 2s^2 2p^6 3s^2 3p^6 3d^5 4s^2$。3d 电子壳层未充满，离子态下呈现$d^n$构型。锰元素有很多氧化态，从+1 到+7，其中价态、局部环境和主晶格分布决定它的发光性能，广泛应用于制造绿色(二价)和红色(四价和二价)发光材料。Mn^{2+}的 4s 轨道失去 2 个电子，3d 轨道为半充满状态，通常情况下 3d 电子云轨道的电子跃迁显示出宽光谱发射，离子所在基质的晶格振动和晶体场对称性等因素会影响Mn^{2+}的电子耦合形式[17]。

Mn^{2+}作为发光中心，具有从绿色到深红色的宽带激发，而具体的发光位置取决于基质材料主晶格的配位环境。通常情况下，Mn^{2+}位于四面体配位的弱晶体场中为蓝光发射；位于八面体的强晶体场对称环境中会产生橙光到红光发射。如图 1 - 12 所示，根据Mn^{2+} d^5电子构型的 Tanabe-Sugano(TS)图，Mn^{2+}的光谱发射归因于$^4T_1 \to {}^6A_1$跃迁。其中，B为拉卡参数(Racah parameter)，E 为谱项能，D_q 为分裂能参数。以 $Zn_2SiO_4:Mn^{2+}$[18] 荧光粉材料为例，研究显示掺杂的 Mn^{2+} 主要取代以四面体配位的 Zn^{2+} 位点[MnO_4]，该荧光粉发绿光归因于 Mn^{2+} 的 $^4T_1 \rightarrow {^6A_1}$ 跃迁。

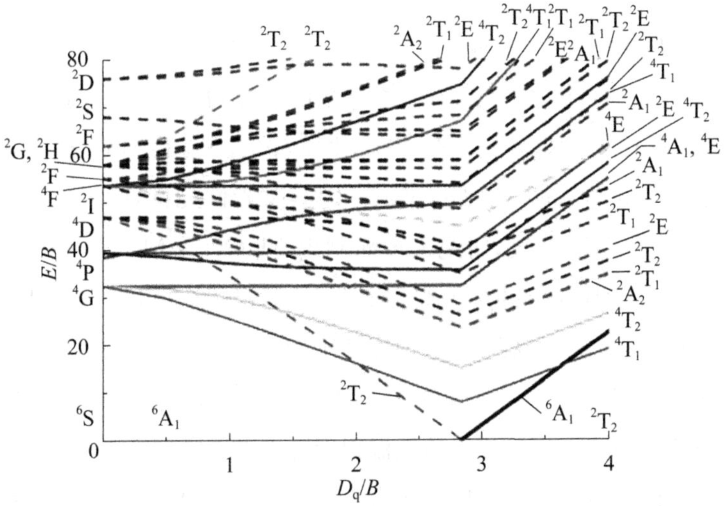

图 1－12　d^5 电子构型在八面体晶体场中的 Tanabe-Sugano 图(彩图见附录)

在 CLnP(Ln = Gd, La, Lu)基质中[19-21]，Mn^{2+} 和 Ca^{2+} 的半径相近，当配位数(CN)为 8，Mn^{2+} 的半径为 0.96 Å，Ca^{2+} 的半径为 1.12 Å，且两离子的化合价均为二价，Mn^{2+} 更倾向于占据 Ca^{2+} 的位置。在 CLnP(Ln = Gd, La, Lu)基质中，Ce^{3+} 作为能量的供体，将能量传递给能量受体 Mn^{2+}，Mn^{2+} 中的基态电子能级由 $^6A_1(^6S)$ 跃迁到激发态非稳态 $^4E(^4D)$、$^4T_2(^4D)$、[$^4A_1(^4G)$，$^4E(^4G)$]，由于晶格振动等因素，发生电子弛豫产生电子，再由激发态非稳态进入激发态稳态 $^4T_1(^4G)$，最后回到 $^6A_1(^6S)$ 基态，并产生发射峰为 665 nm 的宽光谱发射，如图 1－13 所示。

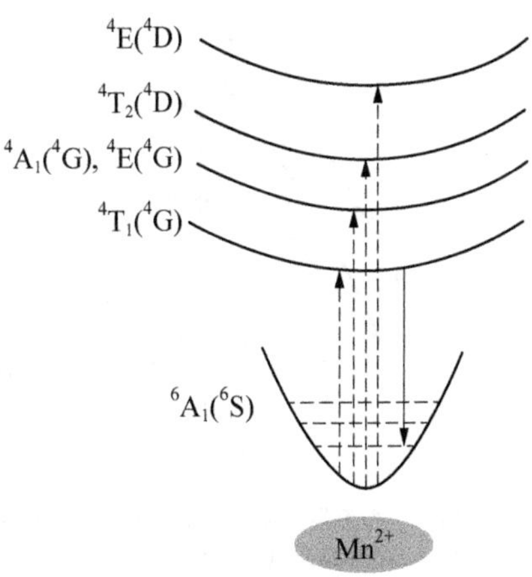

图 1－13　Mn^{2+} 的能级示意图

近年来，Mn^{4+} 掺杂红色荧光粉因具有蓝光吸收强、红色发光效率高等优点而备受关注。这是由于 Mn^{4+} 具有 $3d^3$ 电子构型，$^4A_{2g}\rightarrow{}^4T_{1g}$ 的紫外吸收跃迁与 $^4A_{2g}\rightarrow{}^4T_{2g}$ 蓝光激发跃迁属于自旋允许跃迁；光谱位于 400～500 nm，呈宽带状，可高效匹配蓝光 LED 芯片的发光[22]。Mn^{4+} 的红色发光为 $^2E_g\rightarrow{}^4A_{2g}$ 能级跃迁，属于自旋宇称双重禁阻跃迁；声子与电子耦合使得部分能级跃迁解禁，在 600～650 nm 呈红光窄带发射[23]。

目前，Mn^{4+} 作为激活发光离子掺杂红色荧光粉主要分为两大类，分别是含氧酸盐体系和氟化物体系。在 1947 年就首次报道了 Mn^{4+} 掺杂含氧酸盐体系红色荧光粉 $4MgO\cdot GeO_2:Mn^{4+}$，因其发光性能良好，得到不断改进与发展[24]。20 世纪 50 年代，研究人员研制出 $MgO_{3.5}\cdot MgF_{0.5}\cdot GeO_2:Mn^{4+}$ 商用荧光粉，可用作汞灯的调色剂[25]。另外，Mn^{4+} 掺杂的含氧酸盐体系还包括铝酸盐、钛酸盐、磷酸盐等[26]。但在此类发光材料体系中，由于 Mn—O 共价性强，材料的发光位于深/远红光区域（>650 nm），偏人眼敏感的红光范围，因此无法高效改善 WLED 的色温以及显色指数等参数[27]。为了弥补此类体系荧光粉的不足，人们继续探索新型 Mn^{4+} 掺杂红色发光材料。2009 年，Adachi 等[28]制备的 $K_2SiF_4:Mn^{4+}$ 是首次报道的 Mn^{4+} 掺杂氟化物体系红色发光材料。它的最强吸收峰位于蓝光区域（420～460 nm），与目前商业蓝色芯片相匹配，发光位于人眼敏感的波段，如图 1-14 所示。其发光峰位于

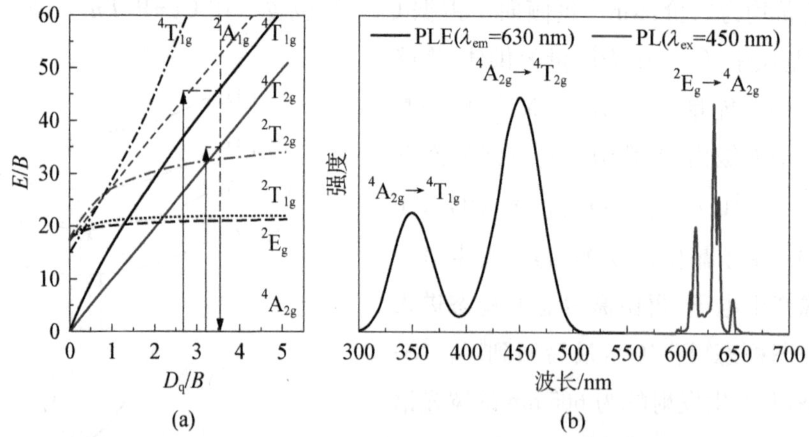

PLE—光致发光激发（photoluminescence excitation）；PL—光致发光（photoluminescence）；λ_{em}—发射波长；λ_{ex}—激发波长。

图 1-14　Mn^{4+} 能级和 $K_2SiF_6:Mn^{4+}$ 光谱

(a) Mn^{4+} 的 Tanabe-Sugano 能级图；(b) $K_2SiF_6:Mn^{4+}$ 的激发和发射光谱

630 nm 附近，呈窄带红光发射，这归因于氟化物声子能量低，Mn—F 共价性较弱。

4) Bi 离子的性质和发光原理

Bi 在元素周期表中的原子序数为 83，是最重的稳定元素，也是第ⅤA 族元素中唯一的金属元素。Bi 首次发现于 15 世纪，然而直到 1739 年才被 Potts 和 Bergmann 确定和命名。Bi 元素在自然界中分布广泛，主要是以 Bi_2O_3、$(BiO)_2CO_3$、Bi_2S_3 等化合物形式存在，也会存在于铅、锌、钨和铜矿等的副产品之中[29]。Bi 原子的电子构型为(Xe)$4f^{14}5d^{10}6s^26p^3$，其外层的 6s、6p 的电子均为价电子，所以 Bi 元素能够呈现出丰富多变的价态，如 0 价(最外层电子排布为 $6p^3$)、+1 价($6p^2$)、+2 价($6p^1$)、+3 价($6s^2$)、+5 价($5d^{10}$)。此外，在某些特定环境下，Bi 也可以形成团簇离子，如阳离子团簇 Bi_2^{4+}、Bi_5^+、Bi_5^{3+}、Bi_6^{2+}、Bi_8^{2+} 和 Bi_9^{5+}，以及阴离子团簇 Bi^{2-}、Bi_3^{3-} 等。目前已经确认的 Bi^+、Bi^{2+}、Bi^{3+} 以及 Bi_5^{3+}、Bi_8^{2+}、Bi_2^{2-} 等团簇离子具有光致发光的特性。由于其丰富多变的电子结构，这些离子(尤其是 Bi^+、Bi^{2+} 和 Bi^{3+})最重要的特征之一是在紫外、可见或红外激发光源照射下，出现可见或近红外区域发光现象。一般来说，由于外层的 6s 和 6p 电子未受到屏蔽作用，而且与配位场的作用非常强，Bi^+、Bi^{2+} 和 Bi^{3+} 的吸收和发射带则明显要比稀土离子 Re^{3+} ($f \rightarrow f$ 跃迁)的吸收和发射带宽一些。因此，这也为进一步调整 Bi 的光谱特性提供了可能性，例如通过合理地选择材料基质、控制合成反应条件或合适条件下的热处理工艺等。

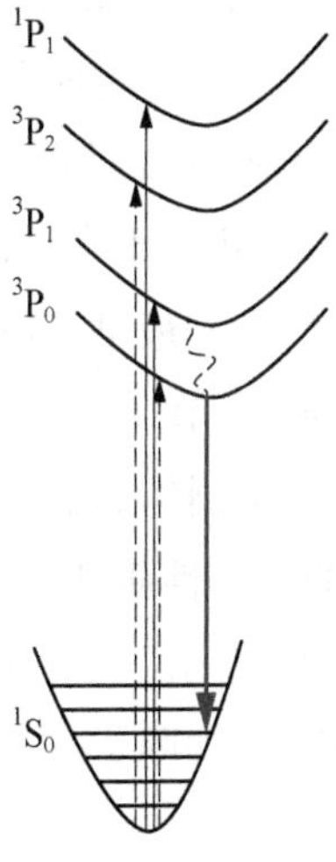

图 1-15　Bi^{3+} 的能级示意图

由于 Bi^{3+} 具有惰性电子对效应，因此在各种氧化价态中，Bi^{3+} 最稳定。Bi^{3+} 的发光特性在 20 世纪 50 年代就已经受到广泛的关注，并且在多种晶体和玻璃材料中得到重点研究。类似于 Pb^{2+}、Sn^{2+}、Sb^{3+}、Tl^{3+} 等 ns^2 电子构型的发光活性离子，Bi^{3+} 的基态对应 $6s^2$ 电子构型中的 $^1S_0$ 态，激发态对应 6s6p 电子构型中的 $^3P_0$、$^3P_1$、$^3P_2$ 和 $^1P_1$ 态，能级如图 1-15 所示，激发跃迁对应于 $6s^2 \rightarrow 6s6p$ 跃迁，$^1S_0 \rightarrow {}^3P_0$ 的跃迁是完全禁阻跃迁，然而在非对称环境中却又可以变成允许跃迁。$^1S_0 \rightarrow {}^3P_1$、$^1P_1$ 跃迁是允许跃迁。Bi^{3+} 发光带比较宽，在紫外光的激发下，其发光范围可以覆盖紫外光到蓝绿色光波段[30]。

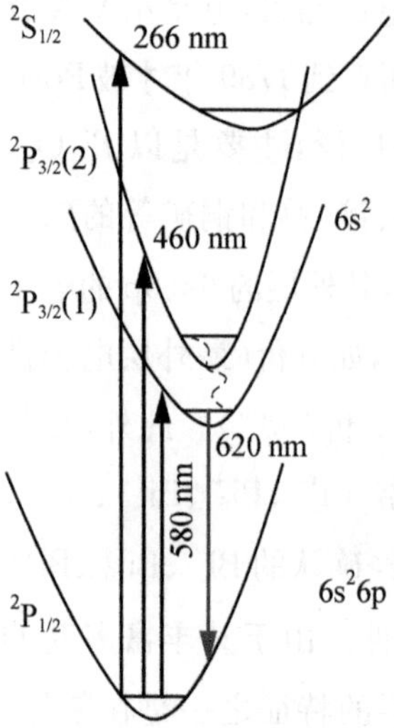

图 1-16　Bi^{2+} 的能级图

相比于常见的 Bi^{3+} 的发光研究，对于 Bi^{2+} 的发光研究则相对较少，开始时间也比较晚。最早在 1866 年，Locoqde Buisbaudraii 就在 Bi 掺杂的 $BaSO_4$ 晶体中发现了橙红色发光现象[31]，但那时对其发光机理不是很清楚。然后直到 1994 年，荷兰乌特列支大学的 Hamstra 等[32]才确认了其发光来源于二价 Bi 离子，然而遗憾的是，Bi^{2+} 的发光一直未受到学术界的重视。Bi^{2+} 具有 $6s^26p^1$ 电子构型，图 1-16 是 Bi^{2+} 的能级图，类似于 Tl^0 和 Pb^+，Bi^{2+} 的基态能级为 $^2P_{1/2}$，激发态能级为 $^2P_{3/2}$ 和 $^2S_{1/2}$。由于受到晶体场方面的影响，$^2P_{3/2}$ 能级分裂成两个能级，即能级 $^2P_{3/2}(1)$ 和 $^2P_{3/2}(2)$。基态能级 $^2P_{1/2}$ 到 $^2S_{1/2}$ 的跃迁是允许跃迁。$^2P_{1/2}$ 能级到 $^2P_{3/2}$ 能级的电子跃迁是宇称禁阻的，但是在奇次晶场项的作用下，激发态与基态之间又可以产生混合效应，这使得能级到 $^2P_{1/2}$ 的跃迁又变成部分允许的跃迁，然后产生了橙红色发光[30]。这种发光主要存在于高温熔融法制备的玻璃中，目前所报道的含有 Bi^{2+} 的晶体材料还非常稀少。

相比于常见的 Bi^{3+} 和 Bi^{2+}，Bi^+ 是极不稳定的，而且其合成方法比较严格，人们最早是通过熔盐法获得 Bi^+。1961 年，Topol 等[33]利用电化学方法，确认了在 BiCl/KCl/AlCl/Bi 熔盐中存在着 Bi^+。与固相烧结方法等合成方法相比较，熔盐法能够得到一些亚稳态的物质，这为我们合成和研究 Bi 离子的光谱性质开辟了前进的道路。1967 年，Bjerrum 等[34]在熔盐中发现 Bi^+ 在 32 500 cm^{-1}、30 000 cm^{-1}、17 100 cm^{-1}、14 400 cm^{-1} 和 11 100 cm^{-1} 等处有吸收峰，如图 1-17 所示。Boston 等[35-36]也证实了 Bi^+ 从紫外区到近红外都有吸收。

然而直到最近十年，Bi^+ 的近红外发光现象才在固体材料中发现，然后逐渐受到人们的重视。类似于 Pb，Bi^+ 也具有 $6s^26p^2$ 电子构型。图 1-18 是

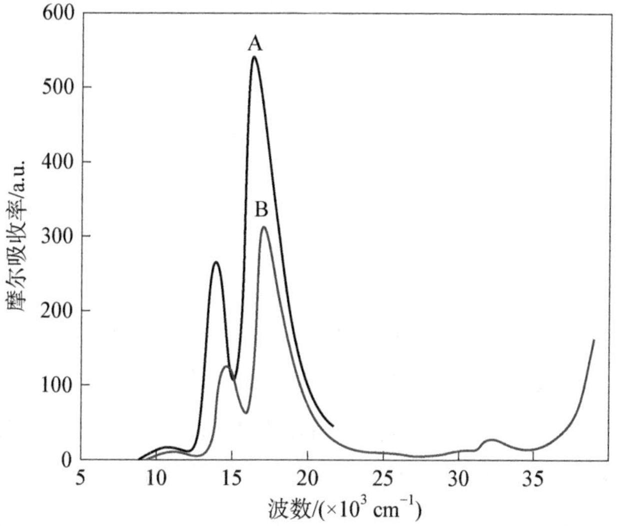

图1-17 卤素铝酸盐介质中 Bi^{+} 的吸收光谱(A 熔剂是 250℃下熔化的 $AlBr_3$ - NaBr 共晶;B 熔剂是 310℃下熔化的 $AlCl_3$ - NaCl 共晶)

Bi^{+} 的能级图,外层两个 6p 层的电子因为相互静电作用引起能级分裂,然后形成 ^3P、^1D 和 ^1S 三个能级,而自旋轨道作用又继续使得基态能级 ^3P 进一步分裂成 $^3P_0$、$^3P_1$ 和 $^3P_2$ 三个能级。因此,其发光很可能来自 $^3P_1 \rightarrow {}^3P_0$ 的能级跃迁。此能级跃迁受晶体场的影响较大,从而表现出可以调谐的超宽带的近红外发光,其在玻璃中的发光范围可以覆盖 1 000~1 700 nm[30]。

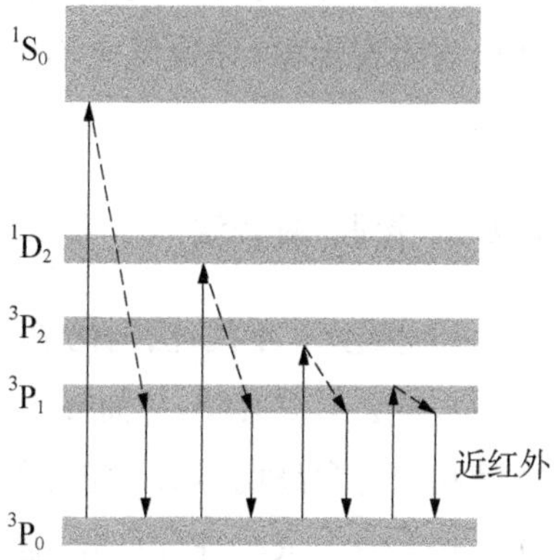

图1-18 Bi^{+} 的能级图

1.2 发光材料的制备方法

发光材料的制备方法和工艺是发光材料开发过程中不可或缺的关键步骤,是决定发光材料性质、性能的核心环节。其中,高温固相法、溶胶-凝胶法、液相沉淀法、喷雾热分解法、微波法等是常用的制备发光材料的工艺方法。

1.2.1 高温固相法

高温固相法(又称为干介质反应)是制备荧光粉最常用的方法之一。高温固相法主要通过反应物的扩散进行,因此反应物和生成物的扩散速率对反应进程有较大影响。在反应进程中,温度对反应物及生成物的扩散速率有较大的影响。在实验中,往往通过提高反应温度来提高反应速率,因此,固相合成荧光粉也往往在高温条件下进行。在固体反应中,影响其可行性及反应速率的因素主要包括反应时间、反应气氛和原料粉的粒径尺度。固态反应的关键优势是其允许反应物在没有溶剂存在的情况下发生化学反应。高温固相法具有以下优点:① 没有溶剂参与反应,因此,它是环境友好型的制备方法;② 高温固相法经过多年研究,制备工艺发展成熟,工业化门槛低,可大规模制备荧光粉材料;③ 固相反应制备工艺简单。但此方法也存在一些缺点:① 在制备荧光粉的过程中,由于原料之间不易混合,研磨或球磨时间较长,同时所需反应温度较高,时间较长,耗能较大;② 在反应过程中容易出现团聚现象,导致反应不完全,存在中间产物,降低目标荧光粉的发光效率。

1.2.2 溶胶-凝胶法

18 世纪 50 年代,法国化学家 J. J. Ebelmen 在实验中发现正硅酸酯在空气中水解会形成凝胶,从而提出了溶胶-凝胶法(sol-gel)。溶胶-凝胶法就是在液相中将含高化学活性组分的原料作为前驱体进行均匀混合,这些前驱体在液相溶液中依次进行水解、缩合等化学反应,进而形成稳定的透明溶胶,而后,溶胶体系中经陈化的胶粒间通过缩聚反应形成三维网络结构的凝胶。凝胶经过进一步干燥、烧结固化,制备出分子结构甚至纳米亚结构的材料。溶胶-凝胶法是一种制取金属氧化物材料的湿化学方法。该方法在制备多组分陶瓷、有机-无机杂化材料等高分散性多组分材料时具有突出优点。20 世纪 80 年代以来,溶胶-凝胶法由于在玻璃、功能陶瓷粉料、氧化物涂层以及难以制得的复合氧化物材料等领域得到广泛应用,因此受到国内外研究人员的高度重视,得以快速发展。溶胶-凝胶法具有许多优点:① 溶胶-凝胶法中的前驱体在溶剂中良好地分散，从而形成低黏度的溶液，因此，前驱体可以在短时间内达到良好的分子水平均匀性，在形成凝胶时，反应物之间能得到良好混合；② 溶胶-凝胶法具有溶液反应过程，更容易掺杂一些所需的微量元素和发光中心，同时，添加的元素在溶液中容易分散均匀，减少中间产物和副产物等杂质，使得目标产物更易生成，具有更良好的发光性能；③ 与高温固相法相比，溶胶-凝胶法体系中原料组分在纳米级范围内扩散，前驱体在温度较低时即可进行化学反应，一般来说，整体实验所需反应温度较低，反应过程耗能低。然而，溶胶-凝胶法也存在一些缺点：① 一般整个实验过程反应速率较低，反应所需时间较长；② 在凝胶中往往存在一些微孔，这些微孔在干燥过程中会逸出气体及有机物，对环境造成污染，使目标产物产生收缩现象。

图 1－19 所示为溶胶-凝胶法流程图。

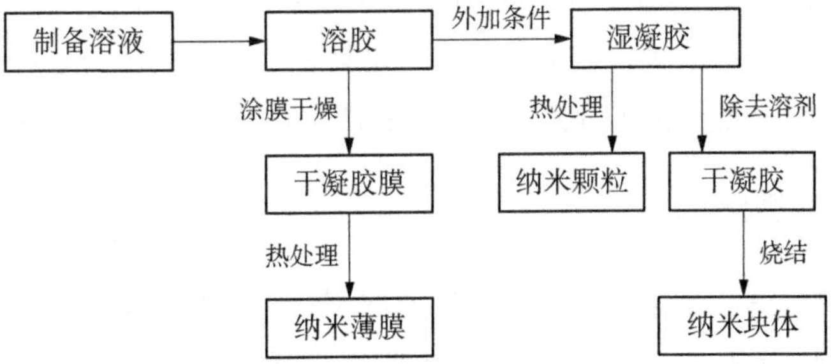

图 1－19　溶胶-凝胶法流程图

1.2.3　液相沉淀法

液相沉淀法是合成荧光粉等金属氧化物纳米材料常用的方法之一，它是将各种溶质溶解在水、氢氟酸等溶剂中，各种反应物在液体溶剂中反应生成不溶性硫酸盐、碳酸盐、氢氧化物等前驱体沉淀物，再将沉淀物加水或乙醇进行多次清洗，从而得到目标产物。液相沉淀法主要包括均相沉淀法、共沉淀法和直接沉淀法。均相沉淀法是利用化学反应在溶液中均匀、缓慢地产生构晶正离子和构晶负离子。这种方法不用添加沉淀剂，减少了体系中溶解度不均匀的现象，使溶液维持适当的过饱和度，从而控制溶液中粒子的生长速度，得到粒度大小均一、形状规则统一的纳米粉体荧光粉。共沉淀法是在含有多种金属离子的金属盐溶液中加入适当的沉淀剂，通过化学反应生成均匀沉淀，将得到的沉淀进行热分解，从而得到纳米粉体材料。这种方法是制备含有两种或两种以上金属元素的复合氧化物粉体材料的常用方法之一。因为掺杂离子或发光中心等目标离子在制备过程中就能完成掺杂，因而得到的目标荧光粉材料化学成分均一、粒度均匀、形状规则。目前，该方法广泛应用于制备钙钛矿型、铁氧粉体及荧光材料。直接沉淀法是指在一定条件下溶液中的金属阳离子与 OH^-、CO_3^{2-} 等阴离子沉淀剂反应生成前驱体沉淀物，并通过水、乙醇等洗涤剂洗去原来的阴离子，然后前驱体沉淀物经过热分解处理得到所需的纳米粉体材料。这种沉淀法具有操作简单、对设备要求低、成本相对较低、不易引入其他杂质等优点，但最终合成的粉体材料往往粒径均匀性差。在液相沉淀法制取荧光粉材料的过程中，洗涤剂的选择、干燥的时间和气氛、煅烧时间和温度都会对目标产物造成一定影响。液相沉淀法具有以下优点：① 反应过程相对简单，易于操作，成本较低；② 所需设备简单，便于工业化生产和进一步推广。但这种方法也具有一些缺点：① 合成的荧光粉分散性较差；② 荧光粉合成过程中存在颗粒团聚现象，使洗涤、过滤困难。

1.2.4 喷雾热分解法

喷雾热分解法是指按照计量配比称取制备荧光粉所需的金属盐原料，加入溶剂配制成前驱体溶液，然后经雾化器将前驱体溶液进行雾化后由载气带入高温气氛炉中反应。在高温反应炉中，经过雾化的前驱体溶液中的溶剂迅速蒸发，溶质得到沉淀形成固体颗粒，同时，固体颗粒在高温炉中瞬时干燥进行热分解，进一步烧结得到目标产物——荧光粉材料。喷雾热分解法是气相制取荧光粉的方法，但同时以液相法制取前驱体，因此，这种方法往往具有液相法与气相法的共同优点：① 各组分金属盐原料在溶液中分布均匀，能很好地混合，工艺过程简单，化学计量配比的控制相对精确，适合制备多组分混合的复合粉末荧光粉材料；② 固体颗粒由液滴的瞬时干燥得到，颗粒一般呈现出规则统一的球形，而且团聚颗粒较少，使得产物具有良好的光学性能；③ 整个制备过程工序简单，无须过滤、洗涤，在高温反应炉中直接干燥合成；④ 操作方便，产量大，生产效率高，有利于工业化生产。喷雾热分解法也具有一些缺点：① 该方法一般需要高温条件，实验条件相对苛刻；② 整个过程需在高温下进行，耗能大。

喷雾热分解法主要包括 4 个部分[37-38]：① 配置前驱体溶液；② 液滴雾化；③ 热分解反应；④ 粉末收集。具体设备如图 1－20 所示。

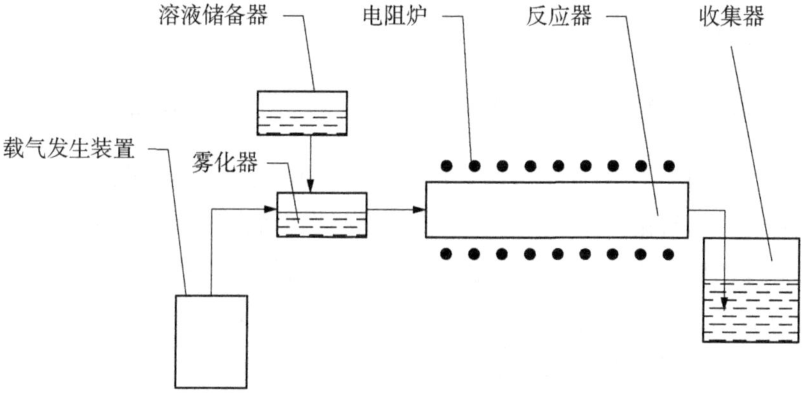

图 1－20　喷雾热分解设备示意图

1.2.5　微波法

微波法是利用微波固相反应合成荧光粉材料的常用方法之一。具体操作步骤如下：①按照化学计量配比称取原料粉体并倒入研钵中；②加入乙醇等助磨剂，研磨至原料粉充分混合，然后转入氧化铝坩埚；③置于微波炉中，设定温度，加热一定时间后取出，冷却至室温。使用该方法合成荧光粉材料具有以下一系列优点：① 制备过程简单、快速、效率高；② 合成的荧光粉一般没有红移现象；③ 荧光粉的制备过程中不需要特殊气氛保护。

1.3　拓扑化学反应法

1999 年，Hayward 等[39]发现了一种低温局部还原法，这种方法可以在低温(190℃)下产生大量氧空位。他们使用 NaH 作为还原剂还原固体以此获得 $LaNiO_2$(氧的非化学计量指数 $\delta = 1$)。此后，运用 NaH、CaH_2、LiH 等金属氢化物作为还原剂来还原荧光粉材料的方式得到广泛应用。这种制备手段称为拓扑化学反应(topochemical reaction)，也称为局域规整反应，指在一些无机固体化学反应中，产物结构与反应物结构存在一定的关联，化学反应在保持一定的晶体结构的条件下进行，可以通过调整反应时间、还原温度、还原剂的含量来控制还原反应的反应程度，得到不同还原程度的产物。作为一种有效的“软化学”局域结构调控手段，拓扑化学反应已应用于开发超导材料和含过渡金属离子的磁性材料等。

1.3.1 以氢化物为还原剂的拓扑化学反应法(接触式拓扑化学反应)

在过去的十年中，使用金属氢化物作为过渡金属氧化物的还原剂已经成为一种优秀的软化学技术。软化学技术是指在低温、常压下合成目标材料的一种温和的反应技术。金属氢化物还原剂在进行单步还原和多步还原/插入反应方面显示了先进的调控机制。金属氢化物可以起到氢化物转移剂的作用，而 H^- 在固态时起到还原剂的作用。或者说，金属氢化物可以在较高的温度下分解，并可能释放出氢气和相关金属，这两种物质都可以作为还原剂。到目前为止，氢化物还原已广泛应用于还原 3d 过渡金属钙钛矿氧化物，其还原产物具有不寻常的配位环境(如 FeO_4 方平面配位)和极低价的金属中心[如 Mn(I)和 Co(I)]。除了钙钛矿氧化物之外，非钙钛矿氧化物(如焦绿石和六方钙钛矿)也可以被还原。此外，这种方法还可以获得有望用作氢化物离子导体的氢化物材料($LaSrCoO_3H_{0.7}$ 和 $BaTiO_{3-x}H_x$)，为扩展功能开辟了新的可能性。

大多数钙钛矿化合物中氧的非化学计量 $\delta \leqslant 0.5$。在高温条件下还原时容易使钙钛矿的结构坍塌。图 1－21 为几种钙钛矿型氧化物($LaNiO_3$、$La_3Ni_2O_7$、$AFeO_3$)被金属氢化物还原的结构示意图[40]。

金属氢化物还原剂的还原电势(H^-/ H_2 的标准还原电势为－2.25 V)与 Mg/ Mg^{2+} 的还原电势(－2.4 V)相当。因此，可以大幅度降低反应温度。与钙钛矿型氧化物相比，在六方晶钙钛矿以及焦绿石等非钙钛矿型氧化物中产生的氧空位缺陷结构在最初没有充分研究。然而，随着对氢化物还原性的进一步开发，其在非钙钛矿结构中的还原能力逐渐得到重视。图 1－22 为氢化物还原非钙钛矿型氧化物 $BaMnO_3$、$Sr_7Mn_4O_{15}$ 和 $Sr_4Fe_6O_{13}$ 的结构示意图[41]。

1.3.2 以活性金属为还原剂的拓扑化学反应法(非接触式拓扑化学反应)

以活性金属为还原剂对氧化物进行还原反应的方法广泛应用于冶金行

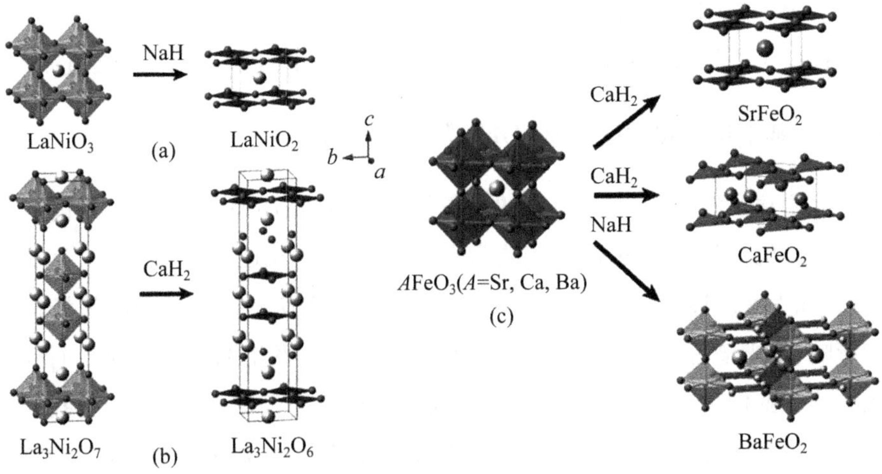

图 1-21 氢化物还原钙钛矿型氧化物结构示意图

(a) $LaNiO_3$;(b) $La_3Ni_2O_7$;(c) $AFeO_3$

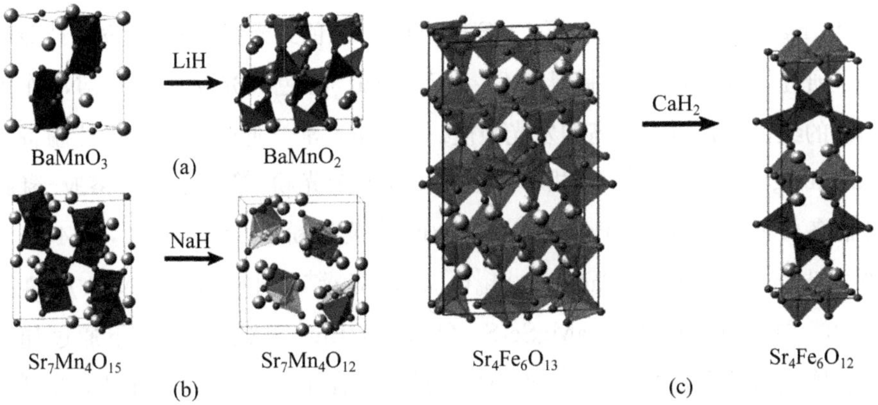

图 1-22 氢化物还原非钙钛矿型氧化物结构示意图

(a)$BaMnO_3$;(b) $Sr_7Mn_4O_{15}$; (c) $Sr_4Fe_6O_{13}$

业。该方法利用活性金属还原剂,如钠、钙、铝、镁等,其对氧的亲和力比需还原的氧化物亲和力更大,从而对材料进行还原[42]。Wang 等[43]受到冶金工业中 Al 还原生产 Al-Ti 合金技术的启发,在两区真空炉中,以熔融的 Al 为还原剂,开发了一条可控的低温合成黑色 TiO_{2-x} 的路线。Lin 等[44]采用金属 Al 或 Mg 还原二氧化硅或硅酸盐制备纳米硅材料,并将该材料应用于锂离子电池负极材料,展示出了优异的电化学性能。Yang 等[45]通过熔融 Al 的还原

和 H_2S 中的硫化来简单处理原始 TiO_2，为太阳能制氢和太阳能净水的技术实施提供了一种可扩展且成本效益高的合成方法，以生产高效的光催化剂。

1.3.3 基于拓扑化学反应原理开发新型发光材料

需要注意的是，在发光材料的制备领域，特别是还原制备领域，目前最常用的方法仍然是气氛还原法（主要为 H_2/N_2 混合气氛还原法和 CO 气氛还原法）。如上文所述，Ce^{3+}、Eu^{2+}、Bi^{3+} 等发光中心的发光行为易受晶体场环境的影响，其光谱可随基质材料的组成和结构的改变发生明显的变化。而气氛还原法主要偏重于价态还原且还原温度高（通常高于 1 000℃），这使得我们很难使用传统的还原方法实现对发光中心的晶体场环境及局域结构的调控。于是，引入低温拓扑化学反应，作为发光材料还原制备及局域结构调控的新手段，有助于我们开发新的发光材料。同时，温和的还原对结构的保存，可以有效地帮助我们研究结构与发光行为之间的关系。Li 等[46] 以 CaH_2 作为 $Ca_2Si_5N_8$ 材料的钙源，制备了 $Ca_2Si_5N_8:Eu^{2+}$ 红色荧光粉，并对其发光性能进行了研究，发现用 CaH_2 制得的 $Ca_2Si_5N_8:Eu^{2+}$ 红色荧光粉比用 Ca_3N_2 作为钙源的红色荧光粉有更高的发光强度。Gautier 等[47]通过两步法设计制备了 $Na_4CaMgSc_4Si_{10}O_{30}:Eu$ 单相单掺杂白光发射荧光粉，第一步通过溶胶-凝胶法制备 $(CaMg)_x(NaSc)_{1-x}Si_2O_6:0.03Eu^{2+}$ 荧光粉（$x=0, 0.2, 0.4, 1$）。第二步将化合物 $Na_4CaMgSc_4Si_{10}O_{30}:0.03Eu^{2+}$（对应 $x=0.2$）加热到 1 000℃使其氧化成 $Na_4CaMgSc_4Si_{10}O_{30}:0.03Eu^{3+}$，然后在低温下通过加入氢化物或活性金属（如 CaH_2 或 Ti）进行还原，在不改变基质的情况下控制掺杂剂 Eu 的氧化态，使还原的 Eu^{3+}/Eu^{2+} 比例调节到合适的红色（R）、绿色（G）、蓝色（B）比例，实现了单一掺杂的白光发射荧光粉。

然而，目前基于拓扑化学反应原理制备发光材料的报道并不多见，拓扑化学反应对发光材料结构及发光性能的影响研究相对缺乏。我们基于拓扑化学反应原理，开发了多种面向生物成像、白光 LED 应用的发光材料，并研究了拓扑化学反应对发光材料结构及性能的影响，利用拓扑化学反应制备不同发光材料的详细内容见本书第 2 章～第 8 章。

第2章 基于拓扑化学反应原理调制的 $Ca_9Ln(PO_4)_7$:Eu^{2+}/Mn^{2+} 单相白光发射荧光粉

近年来,已经合成并研究了各种单相白光发射荧光粉,包括 $Ca_3Sc_2Si_3O_{12}$:Ce^{3+}/Mn^{2+}[48]、$Na_3LuSi_2O_7$:Eu^{2+}/Mn^{2+}[49]、$Sr_2Y_8(SiO_4)_6O_2$:Bi^{3+}/Eu^{3+}[50]、$Ca_5(PO_4)_3Cl$:Ce^{3+}/Eu^{2+}/Tb^{3+}/Mn^{2+}[51]和 $Ca_9Y(PO_4)_7$:Eu^{2+}/Mn^{2+}[52]。

2.1 基本理论

磷酸盐体系的单相白光发射荧光粉,尤其是具有极性辉锰矿型结构的荧光粉,由于其完美的稳定性和良好的色彩再现性而备受关注[21,52-59]。特别是由于 Mn^{2+} 的 $^4T_1 \rightarrow {}^6A_1$ 跃迁,Mn^{2+} 单掺杂荧光粉的发射强度较低,而 Eu^{2+} 作为活化剂引入,由于 $4f^65d^1 \rightarrow 4f^7$ 跃迁而对晶体场和共价敏感,通常充当有前景的敏化剂,将能量转移到许多主体晶格中的 Mn^{2+}[21,49,51-59]。然而,由于能量转移和能量供体与能量受体之间的复杂相互作用,当发射中心共掺杂到主体中时,这种单相白光发射荧光粉的量子产率急剧下降。

我们使用远程 Al 还原制备的 Eu^{2+} 掺杂 $Ca_9Ln(PO_4)_7$(Ln=Gd,La,Lu)荧光粉在发光性能上发生了明显的提升。发光强度大大提高,光谱形状也发生了变化,不仅有新的峰出现,光谱范围也有了一定程度的拓宽。基于上述原因,本章介绍通过远程 Al 还原制备 Eu^{2+}/Mn^{2+} 共掺杂 $Ca_9Ln(PO_4)_7$(Ln=Gd,La,Lu)荧光粉的方法。通过控制 Al 还原的反应条件,显著提高了能量供体的量子产率,最终获得了高效的单相白光发射荧光粉。希望这项工作可以为高效单相白光发射荧光粉的制备和开发提供参考。

2.2 荧光粉的制备

通过两步固态反应合成 $Ca_9Ln(PO_4)_7:xEu^{2+}/yMn^{2+}$ ($Ln=Gd$, La, Lu;x 和 y 为摩尔百分比)荧光粉。使用 $CaCO_3$(99%)、La_2O_3(99.99%)、Lu_2O_3(99.99%)、Gd_2O_3(99.9%)、$NH_4H_2PO_4$(分析纯)、Eu_2O_3(99.99%)和 $MnCO_3$(分析纯)作为原料。按照化学计量比称量原料并充分混合,在玛瑙研钵中研磨,然后转移到氧化铝坩埚中,置于马弗炉中于 1 200℃煅烧 8 h。通过在炉中进行远程 Al 还原反应,将获得的前驱体在 1 000℃下进一步还原 2 h(将获得的前驱体与过量 Al 粉一起转移到氧化铝坩埚中,置于真空加热炉中,在真空气氛下加热至 1 000℃并保温 2 h。在整个反应过程中,还原剂和目标产物始终是分离的。将最终样品自由冷却至室温,然后重新研磨以进行进一步表征。参比样品是通过传统的还原方法合成的,将所制备的前驱体在 CO 气氛下于 1 000℃还原 8 h。

2.3 实验结果与讨论

本部分内容主要讨论了 Eu^{2+}/Mn^{2+} 活化的 $CLnP$($Ln=Gd$, La, Lu)物相结构、发光特性、Eu^{2+} 和 Mn^{2+} 之间的能量转移、荧光粉的色度坐标、LED 器件封装的性能测试以及 PL 量子产率。

2.3.1 物相结构分析

所选样品的 X 射线衍射(X-ray diffraction, XRD)图谱如图 2-1 所示,包括 $Ca_9Ln(PO_4)_7$ ($Ln=Gd$, La)的衍射峰与 JCPDS#46-0402[$Ca_9Y(PO_4)_7$]和报告的结果[21,56,59]。所制备的 $Ca_9Lu(PO_4)_7$ 与 JCPDS#49-1791 的标准数据一致。结果表明,远程铝还原反应成功制备了 Al 还原单相 $Ca_9Ln(PO_4)_7:Eu^{2+}/Mn^{2+}$ [$Ln=La$, Lu, Gd, 标记为 $Ca_9Ln(PO_4)_7:Eu^{2+}/Mn^{2+}-Al$]荧光粉。XRD 的结果表明,对于共掺杂的 Eu^{2+}/Mn^{2+},远程铝还原均不会引起晶

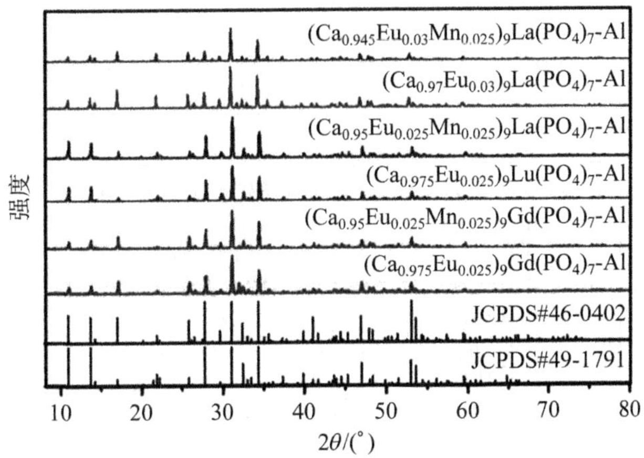

图 2-1 Al 还原的 $Ca_9Ln(PO_4)_7$（Ln = Gd, La, Lu）及参比样品的 XRD 图谱

体结构的显著变化。

据报道，$Ca_9Ln(PO_4)_7$ 具有 $R3C$（编号为 161）空间组的菱面体晶体结构[51-53]，三个 Ca 原子中，两个 Ca 原子为八配位，另一个为九配位。研究得出结论，Eu^{2+}（1.25 Å，CN①=8；1.3 Å，CN=9）和 Mn^{2+}（0.96 Å，CN=8）替代 Ca^{2+}（1.12 Å，CN=8；1.18 Å，CN=9），基于离子半径和电荷相似性[54,58-62]。结合 XRD 结果，我们认为 Eu^{2+} 和 Mn^{2+} 占据了所制备的 $Ca_9Ln(PO_4)_7:Eu^{2+}/Mn^{2+}$ 中的 Ca^{2+} 位点。

下面对荧光粉的实验结果进行详细讨论。

2.3.2 Eu^{2+}/Mn^{2+} 活化的 C*Ln*P（*Ln* = Gd, La, Lu）发光特性

在确定了 Eu^{2+} 的最佳掺杂浓度后，将 Mn^{2+} 共掺杂到荧光粉基质主体中，旨在单相中实现白光。图 2-2 显示了在 328 nm 激发下，CGP②：$0.025Eu^{2+}/yMn^{2+}$ 荧光粉（y = 0, 0.005, 0.01, 0.015, 0.02, 0.025）的发射光谱，插图显示了能量转移效率对 Mn^{2+} 含量的依赖性。Eu^{2+} 490 nm 处的 PL 强度随 Mn^{2+} 含量的增加而降低。此外，观察到 650 nm 处的宽红色发射带的 PL 强度首先随着 Mn^{2+} 含量的增加而增加，在 y = 0.02 时达到最大值，然后

① CN 指配位数（coordination number）。

② CGP 是 $Ca_9Gd(PO_4)_7$ 的缩写，本书用此缩写方式指代不同物质。

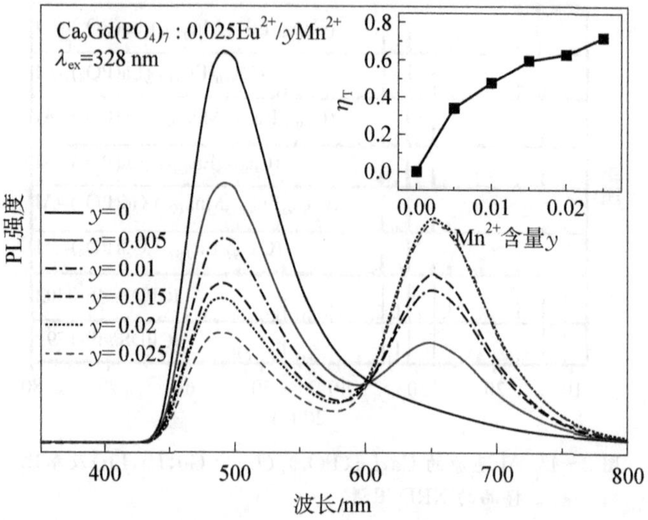

图 2-2 通过远程 Al 还原反应在 328 nm 激发下制备的 CGP: $0.025Eu^{2+}/yMn^{2+}$ (y =0～0.025)的 PL 光谱

随着 Mn^{2+} 浓度的升高而降低。

$Ca_9Ln(PO_4)_7$:Eu^{2+}/Mn^{2+}-Al(Ln =La,Lu)的 PL 光谱如图 2-3 所示。在确定了 Eu^{2+} 的最佳掺杂浓度后,图 2-3(a)显示了在 311 nm 激发下 CLP:$0.03Eu^{2+}/yMn^{2+}$荧光粉(y =0,0.005,0.01,0.015,0.02,0.025)的发射光谱。Eu^{2+} 在 500 nm 处的 PL 强度随 Mn^{2+} 含量的增加而降低。在 650 nm 处的宽红色发射带的 PL 强度首先随着 Mn^{2+} 含量的增加而增加,在 y =0.025 时达到最大值,然后随着 Mn^{2+} 浓度的升高而降低。图 2-3(b)显示了在 331 nm 激发下 CLuP:$0.025Eu^{2+}/yMn^{2+}$荧光粉(y =0,0.005,0.01,0.015,0.02,0.025)的发射光谱。Eu^{2+} 在 488 nm 处的 PL 强度随 Mn^{2+} 含量的增加而降低。在 650 nm 处的宽红色发射带的 PL 强度首先随着 Mn^{2+} 含量的增加而增加,在 y =0.025 时达到最大值。

2.3.3 Eu^{2+}与Mn^{2+}之间的能量转移

如图 2-4 所示,在 328 nm 激发下测量 CGP:$0.025Eu^{2+}/yMn^{2+}$ 中 Eu^{2+} 的 PL 衰减曲线,并在 490 nm 处进行监测,以进一步确定远程 Al 还原后 Eu^{2+} 和 Mn^{2+} 之间的能量转移过程,插图显示了 Eu^{2+} 的平均衰减时间与 Mn^{2+}

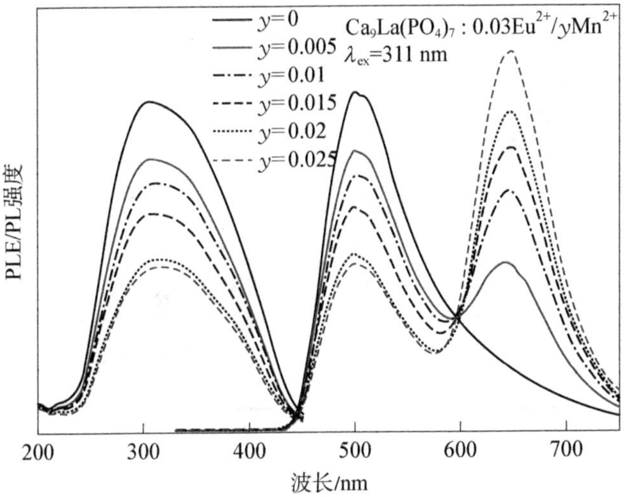

(a)

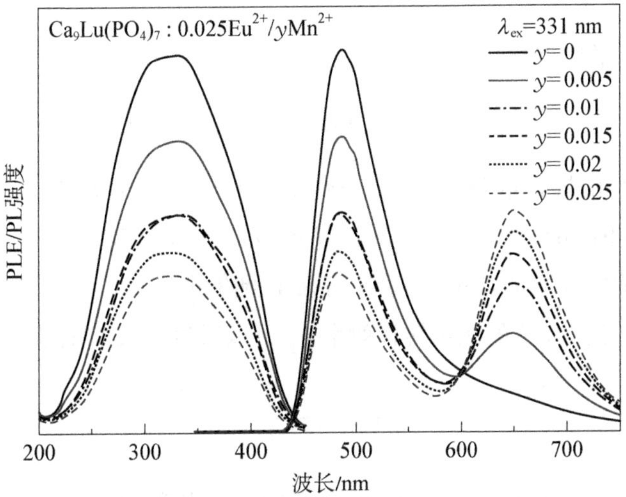

(b)

图 2-3　通过远程 Al 还原反应制备 C*Ln*P(*Ln*＝La, Lu)的 PLE/PL 光谱

(a) 通过远程 Al 还原反应制备的 CLP: $0.03Eu^{2+}/yMn^{2+}$ ($y=0\sim0.025$)的 PLE($\lambda_{em}=500$ nm)/PL($\lambda_{ex}=311$ nm)光谱；(b) 通过远程 Al 还原反应制备的 CLuP: $0.025Eu^{2+}/yMn^{2+}$ ($y=0\sim0.025$)的 PLE($\lambda_{em}=488$ nm)/PL($\lambda_{ex}=331$ nm)光谱

含量之间的关系。发光衰减时间为二阶指数方程 $I=A_1\exp(-t/\tau_1)+A_2\exp(-t/\tau_2)$ 拟合所得，其中，I 是发光强度，A_1 和 A_2 是常数，t 是时间，τ_1 和 τ_2 分别是指数组件的快速寿命和慢速寿命。使用这些参数，可以通过下

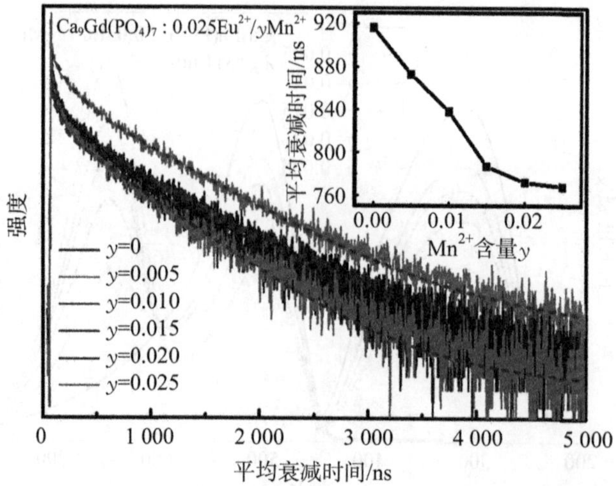

图 2-4　CGP:0.025Eu^{2+}/yMn^{2+}(y =0~0.025)中 Eu^{2+} 的 PL 衰减曲线(彩图见附录)

式[59]来计算平均衰减时间⟨τ⟩:

$$\langle\tau\rangle=(A_1\tau_1^2+A_2\tau_2^2)/(A_1\tau_1+A_2\tau_2) \tag{2-1}$$

当 Mn^{2+} 的掺杂量分别为 0、0.005、0.01、0.015、0.02 和 0.025 时,平均衰减时间为 916 ns、873 ns、838 ns、787 ns、772 ns 和 768 ns。可以看出,随着 Mn^{2+} 掺杂浓度的增加,Eu^{2+} 的衰减寿命单调降低。

从 Eu^{2+} 到 Mn^{2+} 的能量转移效率 η_T 可以通过下式[55]计算:

$$\eta_T=1-\frac{I_S}{I_{S0}} \tag{2-2}$$

式中,I_{S0} 是不存在 Mn^{2+} 的情况下 Eu^{2+} 的发光强度;I_S 是 Mn^{2+} 存在的情况下 Eu^{2+} 的发光强度。能量转移效率 η_T 计算出来的值与 Mn^{2+} 的掺杂量 y 的关系在图 2-2 的插图中表现。η_T 的值随 y 的增加而逐渐增加,当 y 为 0.025 时,η_T 达到 71.7%。

在 CLP:0.03Eu^{2+}/yMn^{2+}(y =0~0.025)荧光粉中,当 Mn^{2+} 的掺杂量分别为 0、0.005、0.01、0.015、0.02 和 0.025 时,平均衰减时间计算为 942 ns、910 ns、868 ns、851 ns、833 ns 和 778 ns。可以看出,随着 Mn^{2+} 掺杂浓度的增加,Eu^{2+} 的衰减寿命单调降低。η_T 的值随 y 的增加而逐渐增加,当 y 为 0.025

时，η_T 达到 60.0%。同样地，在 CLuP:0.025Eu^{2+}/yMn^{2+}（$y=0\sim0.025$）荧光粉中，当 Mn^{2+} 的掺杂量分别为 0、0.005、0.01、0.015、0.02 和 0.025 时，平均衰减时间计算为 966 ns、930 ns、883 ns、871 ns、830 ns 和 796 ns。可以从图 2-5 中看出，随着 Mn^{2+} 掺杂浓度的增加，Eu^{2+} 的衰减寿命依旧单调降低。η_T 的值随 y 的增加而逐渐增加，当 y 为 0.025 时，η_T 达到 58.6%。

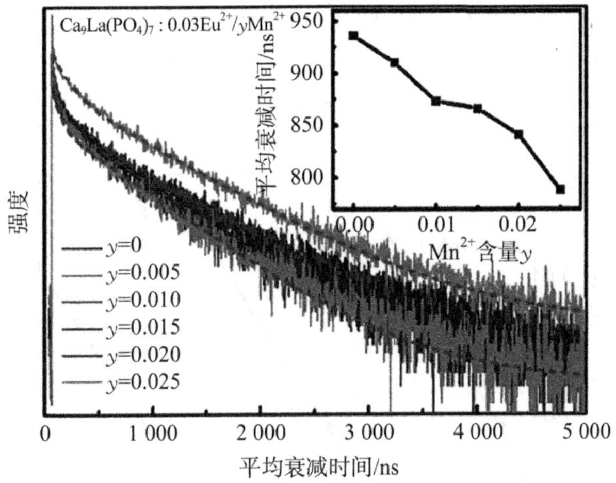

(a)

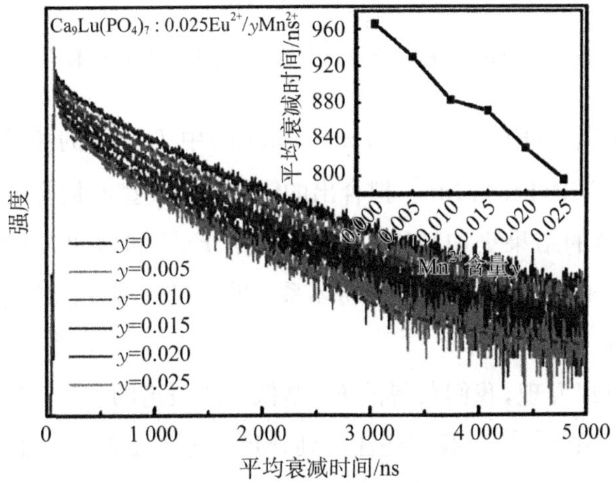

(b)

图 2-5　Eu^{2+} 的平均衰减时间与 Mn^{2+} 含量之间的关系（彩图见附录）

(a) CLP: 0.03Eu^{2+}/yMn^{2+}（$y=0\sim0.025$）中 Eu^{2+} 的 PL 衰减曲线；(b) Eu^{2+} 在 CLuP: 0.025Eu^{2+}/yMn^{2+}（$y=0\sim0.025$）中的 PL 衰减曲线

根据德克斯特能量转移表达式，可以给出以下关系式[60-61]：

$$\frac{I_{S0}}{I_S} \propto C^{n/3} \qquad (2-3)$$

式中，C 为 Mn^{2+} 的掺杂量；I_{S0} 为不存在 Mn^{2+} 的情况下 Eu^{2+} 的发光强度；I_S 为存在 Mn^{2+} 的情况下 Eu^{2+} 的发光强度。n 的值为 6、8、10，分别对应于偶极-偶极、偶极-四极、四极-四极相互作用的能量传递方式，在图 2-6 中用线性拟合表示。仅当 $n=6$ 时，才观察到线性行为，这表明在 Eu^{2+} 和 Mn^{2+} 的能量转移过程中，偶极-偶极相互作用占主导。

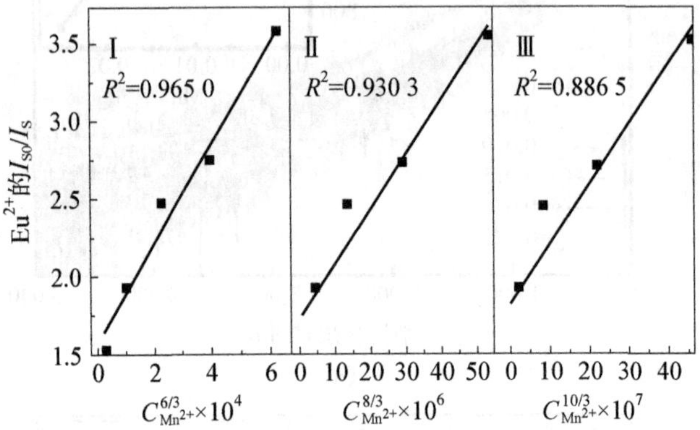

图 2-6 CGP 中 Eu^{2+} 和 Mn^{2+} 之间能量传递机制的拟合曲线

$Ca_9Ln(PO_4)_7$:Eu^{2+}/Mn^{2+}（Ln = La，Lu）中 I_{S0}/I_S 的相关性在图 2-7 中体现出，与 CGP:Eu^{2+}/Mn^{2+} 拟合出的能量传递类型有同样的结果，当 n = 6 时，线性拟合的结果更加精准，更加证实了 Eu^{2+} 和 Mn^{2+} 在 CLnP:Eu^{2+}/Mn^{2+}（Ln = La，Lu，Gd）单相荧光粉体系中的能量转移过程均为偶极-偶极相互作用占主导。

从结果可以发现，我们获得的 R^2 略低于所报道的 Eu^{2+}/Mn^{2+} 共掺杂单相荧光粉的结果[21,56-59]。我们还注意到，Mn^{2+} 达到最高发射强度的浓度也比已报道的数据要低得多。似乎某些因素正在影响 Eu^{2+} 与 Mn^{2+} 之间的能量转移。第一个可能的原因是 Mn^{2+} 的 $^4T_1 \rightarrow {}^6A_1$ 跃迁也受到远程 Al 还原处理的影响（见图 2-8）。因此，类似于 Eu^{2+} 的响应，Mn^{2+} 的 PL 光谱强度也得到了改善。第二个可能的原因是通过拓扑化学反应处理后得到增强的增敏剂 Eu^{2+}

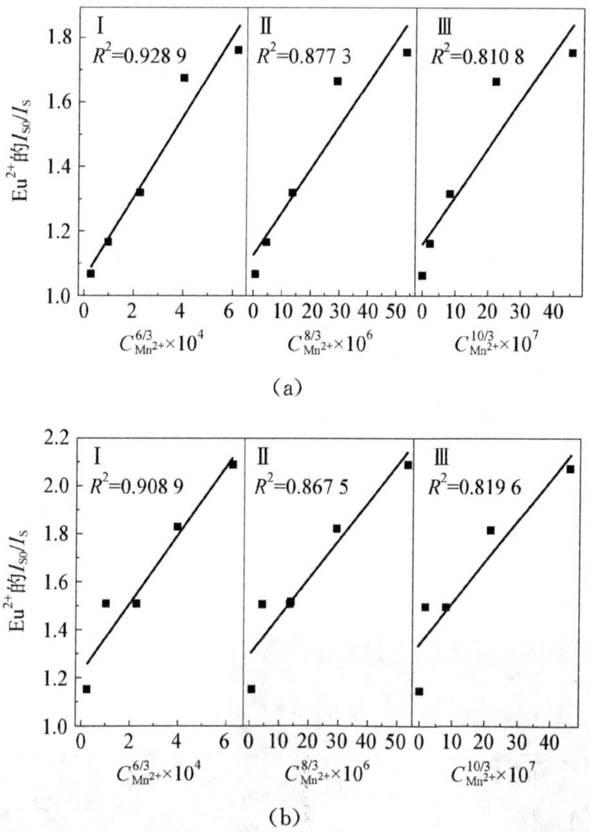

图 2-7 C*Ln*P(*Ln* = La, Lu) 中 Eu^{2+} 和 Mn^{2+} 之间能量传递机制的拟合曲线

(a) CLaP 中离子能量传递拟合曲线；(b) CLuP 中离子能量传递拟合曲线

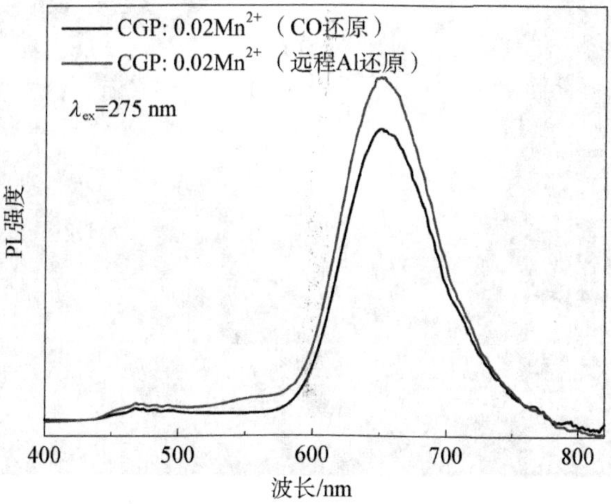

图 2-8 远程 Al 还原反应和 CO 气氛制备的 CGP: 0.02Mn^{2+} 的 PL 光谱(λ_{ex} = 275 nm)

可以为活化剂 Mn^{2+} 提供更多的能量。重要的是，Eu^{2+} 的 PL 光谱在 630 nm 处为中心发生的新宽带红色发射与 Mn^{2+} 的 PL 光谱重叠。我们认为，正是上述三个原因的组合导致了异常的低拟合精确度和 Mn^{2+} 低猝灭浓度的现象。

2.3.4 荧光粉的色度坐标

可以清楚地观察到，随着 Mn^{2+} 浓度的增加，所制备的荧光粉的色度坐标逐渐从绿色变为白色，最终变为红色。通过分别调整 Eu^{2+} 和 Mn^{2+} 的掺杂比例，CGP: $0.025Eu^{2+}/0.015Mn^{2+}$（W1）和 CLuP: $0.025Eu^{2+}/0.015Mn^{2+}$（W2）样品实现了白光发射，CLP: $0.03Eu^{2+}/0.015Mn^{2+}$（W3）缺少蓝光组分，并不是白光发射。$Ca_9Ln(PO_4)_7:Eu^{2+}/yMn^{2+}$（$Ln$ = Gd, Lu, La）的国际照明委员会（International Commission on Illumination，CIE）色度坐标如图 2-9、表 2-1 和表 2-2 所示。

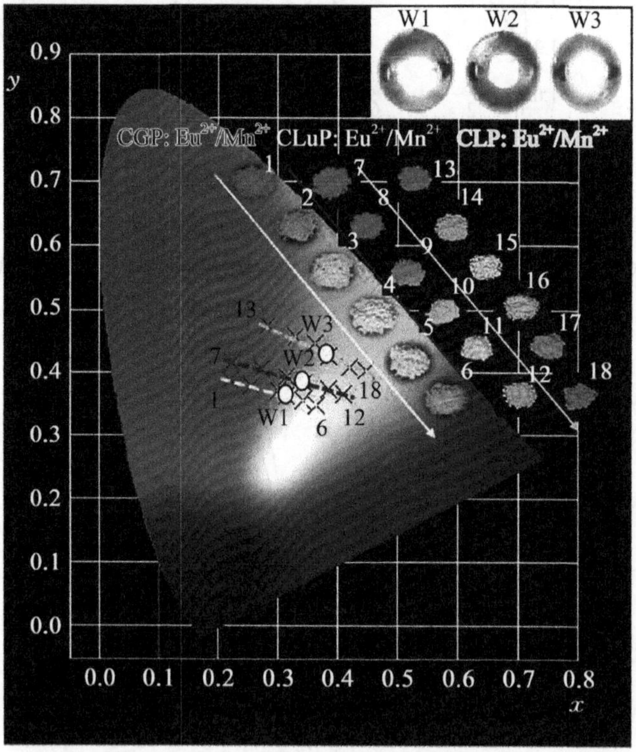

图 2-9 在 340 nm 激发下 $Ca_9Ln(PO_4)_7:Eu^{2+}/Mn^{2+}$-Al（$Ln$ = Gd, Lu, La）荧光粉的 CIE 色度坐标（彩图见附录）

表 2-1 不同激发波长下 $Ca_9\,Ln(PO_4)_7:Eu^{2+}/Mn^{2+}$（$Ln$ = Gd, Lu, La)和参比样品的 PL 量子产率

编号	样　品	激发波长 /nm	色度坐标 (x, y)	量子产率/%
A	CGP:0.010Eu^{2+} - CO	324	(0.199, 0.331)	6.9
1	CGP:0.025Eu^{2+} - Al	328	(0.223, 0.415)	26.7
2	CGP:0.025Eu^{2+}/0.005Mn^{2+} - Al	331	(0.271, 0.404)	44.6
3	CGP:0.025Eu^{2+}/0.01Mn^{2+} - Al	330	(0.315, 0.392)	51.3
4	CGP:0.025Eu^{2+}/0.015Mn^{2+} - Al	330	(0.344, 0.382)	52.1
5	CGP:0.025Eu^{2+}/0.02Mn^{2+} - Al	326	(0.384, 0.371)	51.3
6	CGP: 0.025Eu^{2+}/0.025Mn^{2+} - Al	330	(0.411, 0.364)	54.8
B	CLuP:0.010Eu^{2+} - CO	325	(0.199, 0.353)	13.2
7	CLuP:0.025Eu^{2+} - Al	331	(0.219, 0.386)	30
8	CLuP:0.025Eu^{2+}/0.005Mn^{2+} - Al	329	(0.254, 0.376)	35.8
9	CLuP:0.025Eu^{2+}/0.01Mn^{2+} - Al	334	(0.299, 0.370)	36.9
10	CLuP:0.025Eu^{2+}/0.015Mn^{2+} - Al	332	(0.315, 0.363)	43.3
11	CLuP:0.025Eu^{2+}/0.02Mn^{2+} - Al	329	(0.342, 0.354)	54.8
12	CLuP:0.025Eu^{2+}/0.025Mn^{2+} - Al	327	(0.366, 0.347)	56.8
C	CLP:0.010Eu^{2+} - CO	324	(0.268, 0.462)	15.4
13	CLP:0.03Eu^{2+} - Al	311	(0.283, 0.473)	38.9
14	CLP:0.03Eu^{2+}/0.005Mn^{2+} - Al	309	(0.331, 0.455)	39.3
15	CLP:0.03Eu^{2+}/0.01Mn^{2+} - Al	319	(0.363, 0.445)	41.2
16	CLP:0.03Eu^{2+}/0.015Mn^{2+} - Al	311	(0.386, 0.424)	53.2
17	CLP:0.03Eu^{2+}/0.02Mn^{2+} - Al	313	(0.420, 0.409)	58.9
18	CLP:0.03Eu^{2+}/0.025Mn^{2+} - Al	321	(0.447, 0.402)	61.6

2.3.5 LED 器件组装及性能测试

通过使用 340 nm 芯片和远程 Al 还原制备出的荧光粉 CGP:0.025Eu^{2+}/0.015Mn^{2+}（W1)，CLuP: 0.025Eu^{2+}/0.015Mn^{2+}（W2)，CLP: 0.03Eu^{2+}/0.015Mn^{2+}(W3)分别制成三个 LED 器件。在图 2-10 中可以清楚地看到，在 300 mA 电流驱动下，组装好的 LED 器件发出明亮的白光。白光 LED 的光学特性显示相关色温(correlated color temperature,CCT)分别为 5 292 K，

5 101 K 和 3 012 K，相应的 CIE 色度坐标分别为(0.337，0.346)、(0.325，0.361)和(0.409，0.408)(见表 2-2)。

表 2-2 样品 W_1、W_2、W_3 的色度坐标和 CCT

编号	样 品	驱动电流	色度坐标(*x*, *y*)	CCT/K
W1	340 nm chip+4#样品	300 mA	(0.337, 0.346)	5 292
W2	340 nm chip+10#样品	300 mA	(0.325, 0.361)	5 101
W3	340 nm chip+16#样品	300 mA	(0.409, 0.408)	3 012

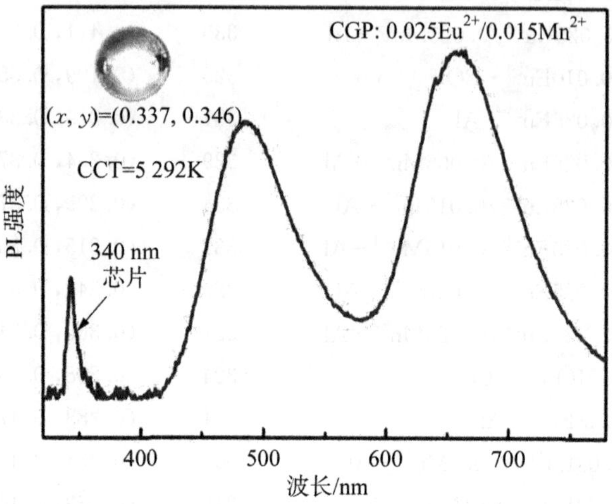

(a)

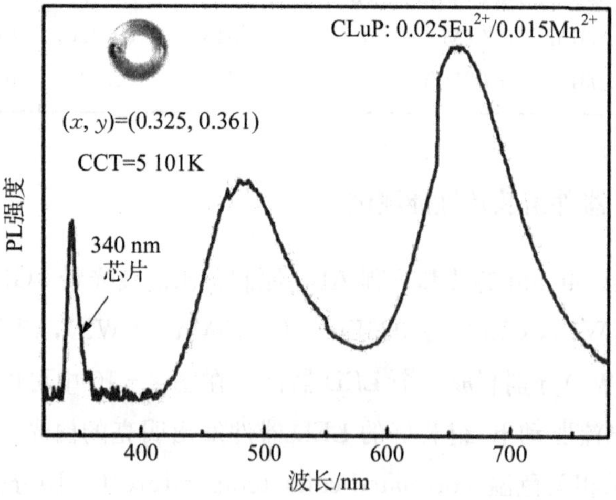

(b)

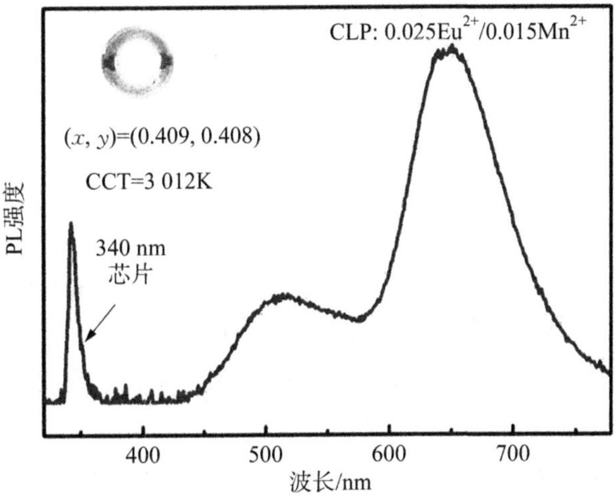

(c)

图 2-10　使用近紫外 340 nm 芯片与单相荧光粉 $CLnP:Eu^{2+}/Mn^{2+}$ (Ln = Gd, Lu, La) 封装并在 300 mA 电流驱动下制造的白光 LED 的电致发光光谱

(a) CGP；(b) CLuP；(c) CLP

2.3.6　PL 量子产率

所选样品的 PL 量子产率(PLQY)根据 Moreno[62] 描述的方法计算。样本 PLQY ϕ_f 的计算式为

$$\phi_f = \varphi_d - (1 - A_d)\varphi_i \tag{2-4}$$

式中，测得的内部量子产率 φ_d 是指荧光量与样品吸收的激发束之比；A_d 是样品吸收的激发光束量之比；φ_i 为归因于再激发的量子产率。所选 $CLnP:0.025Eu^{2+}/yMn^{2+}$ (Ln = La, Lu, Gd; y = 0～0.025) 的 PLQY 以及相应样品在相对最佳激发带下的 PLQY 列于表 2-1 中。与 PL 光谱结果表明一致，远程 Al 还原优化过的样品的 PLQY 大大地提高了。$CGP:0.025Eu^{2+}$ 的 PLQY 相较于通过 CO 还原制备的 $CGP:0.01Eu^{2+}$ 样品的 PLQY 提高了 2.9 倍。远程 Al 还原的 $CGP:0.025Eu^{2+}/0.025Mn^{2+}$ 白光发射荧光粉的 PLQY 可以高达 54.8%。此外，所有 Al 还原的荧光粉的 PLQY 没有显示出任何降低的迹象，在 Mn^{2+} 与 Eu^{2+} 共掺杂到主体中之后荧光粉的 PLQY 甚至有逐渐增加的趋势。这种现象与共掺杂系统中报道的单相白光发射荧光粉明显不

同[63-64]，这再次证实了 Al 还原对增加发光中心的 PL 强度和 PLQY 的影响，特别是针对敏化剂 Eu^{2+}。

2.4 本章小结

本章主要内容是采用拓扑化学反应调控 $Ca_9Ln(PO_4)_7:Eu^{2+}/Mn^{2+}$ (Ln = La，Lu，Gd)荧光粉的发光性能。得出如下结论：

(1) 采用单质 Al 作为还原剂，通过拓扑化学反应策略成功地开发了一系列具有提高量子产率的单相 $Ca_9Ln(PO_4)_7:Eu^{2+}/Mn^{2+}$ (Ln = La，Lu，Gd)荧光粉。由于在主体中引入氧空位，对 Eu^{2+} 的周围晶体场环境产生了影响，因此 $Ca_9Ln(PO_4)_7:Mn^{2+}$ (Ln = La，Lu，Gd)的 PL 强度增加。

(2) 通过有效改善能量供体的量子产率，在 CGP：0.025Eu^{2+}/0.015Mn^{2+} (52.1%)和 CLuP：0.025Eu^{2+}/0.015Mn^{2+} (43.3%)样品中获得了高 PLQY 白光。由于发光中心的晶体场环境和供体之间能量转移方式的全面改善，甚至发现 Mn^{2+} 与 Eu^{2+} 共掺入主体后，所有 Al 还原荧光粉的 PLQY 逐渐增加。

(3) 最后，通过将 340 nm 芯片与所制备的单相白光发射荧光粉组合封装成 LED 器件，所制造的 LED 可以在 300 mA 电流的驱动下发出明亮的白光。这项研究的结果也可以为制备和开发高效单相发白光的荧光粉提供启发性的参考。

本研究为提高荧光粉的发光性能提出了一种新型的制备手段，这种非接触式 Al 还原方法为提高发光材料的发光性能提供了新思路。

第3章 基于拓扑化学反应原理调制的 $Ca_{11}(SiO_4)_4(BO_3)_2$：Ce^{3+}/Eu^{2+}/Eu^{3+}体系荧光粉

众所周知，Ce^{3+} 和 Eu^{2+} 的 5d 电子直接暴露于其所处的晶体场环境中，因此它们的跃迁很大程度上取决于其所在的晶体场环境。而晶体场环境，作为影响荧光性能的关键因素，恰恰是基质材料的一个专属特性。发光中心周围的晶体场环境受到其所在基质材料本身的配位情况以及其周围基团类别的巨大影响。

3.1 基本理论

石榴石/类石榴石结构化合物[65-67]、硼酸盐、硅酸盐是非常优异的基质材料，Ce^{3+} 和 Eu^{2+} 的 5d 电子在它们当中跃迁，展现出丰富多彩的发光表现。我们将这些拥有特定基团的基质材料称为单基团材料(如硅酸盐、硼酸盐、铝酸盐、磷酸盐等)。虽然，如上文所述，Ce^{3+} 和 Eu^{2+} 的 5d 跃迁受到基质材料本身性质的巨大影响，表现为在不同的基质材料中差别非常巨大，但也并非完全没有规律可循。通过大量的文献阅读和实验实践，我们在荧光粉的设计合成过程中发现，Ce^{3+} 和 Eu^{2+} 在一些基质材料中通常会展现出一定的特定发光行为。例如，Ce^{3+} 在硼酸盐基质材料中，在紫外光激发的情况下，通常发射蓝光[68-71]；而在硅酸盐基质材料中，Eu^{2+} 在紫外光激发的情况下，常常表现为绿光发射[72-76]。

我们知道，白光通常需要通过两种或两种以上的多个单色光混合实现，而这必然涉及多个组成色彩的平衡问题。在多发光中心的单相荧光材料中，让多个发光中心对同一波段的激发产生响应，并表现出它们在单基质材料中的特定发光行为，与此同时，各发光中心之间还能保持足够的强度，是一件十分困难的事情。毋庸置疑，要实现上述条件，我们需要把这些发光中心放置于一种特殊的基质材料中。这种基质材料需要具有特殊的性能。它应该是个"多面手"，能够集成两个或多个单基团材料所具有的性能，从而为 Ce^{3+} 和 Eu^{2+} 的 5d 电子跃迁提供合适的晶体场环境。因此，我们在设计合成荧光粉的过程中，选用复合基团材料作为研究目标，利用基团间的协同效应帮助我们实现上述苛刻条件。

根据上述原则，在基质材料的选择上，我们将研究目标定为同时含有硼酸根 [BO_3^{3-}]和硅酸根基团[SiO_4^{4-}]的材料。我们将这种含有两种或两种以上基团的材料称为复合基团材料。我们预期的目标如下：由[BO_3^{3-}]为 Ce^{3+} 的 5d 跃迁提供合适的晶体场环境，以期让 Ce^{3+} 展现出其在单基团硼酸盐基质材料中常有的蓝光发射；而由[SiO_4^{4-}]为 Eu^{2+} 的 5d 跃迁提供合适的晶体场环境，以期让 Eu^{2+} 展现出其在单基团硅酸盐基质材料中常有的绿光发射。如果上述设计理念能够实现，则在这样的情况下，三基色中的蓝光和绿光可以共存于一种荧光粉中。然后通过某些特定的手段，加入一种红光中心（如 Eu^{3+} 或 Mn^{2+}）就可实现红、绿、蓝三基色共存而实现白光发射的可能。在本章中，我们将基质材料选定为 $Ca_{11}(SiO_4)_4(BO_3)_2$。$Ca_{11}(SiO_4)_4(BO_3)_2$ 被认为具有与 β - $Ca_{10}(SiO_4)_4(CO_3)_2$[空间群 $P2_1/a$ (No. 14)①]相近的结构，其晶胞参数 $a = 28.61(2)$②Å, $b = 15.974(9)$Å, $c = 6.874(8)$Å, $\alpha = \beta = 90°$, $\gamma = 104.1(1)°$[77]。基于已有报道，结合上述对于荧光粉的设计合成理念，我们通过新颖、高效的 Al 还原固相合成反应的方法来制备 $Ca_{11}(SiO_4)_4(BO_3)_2$ 基单相荧光粉，其中的红光组分强度和比例，通过控制 Al 还原 Eu^{3+} 的反应温度和反应时间来调节。

3.2 荧光粉的制备

$Ca_{11(1-x-y-z)}(SiO_4)_4(BO_3)_2$: $xCe^{3+}/yEu^{2+}/zEu^{3+}$ (CSB: xCe^{3+}/

① No. 14 指所述空间群的编号。
② 括号中的数字为软件解析给出的误差值。

yEu^{2+}/zEu^{3+}；x、y 和 z 为摩尔百分比）通过新型的 Al 还原固相合成反应制得。$CaCO_3$（分析纯）、SiO_2（99.99%）、H_3BO_3（分析纯）、Eu_2O_3（99.99%）和 CeO_2（99.99%）按照化学计量比称取后置于玛瑙研钵中，加入适量的丙酮辅助使原料充分研磨均匀。所得粉料先于 1 250℃煅烧 24 h，然后置于一个半封闭的石英管中。将半封闭的石英管放入另一个底部放有还原 Al 粉的大号石英管中，将石英管抽真空后熔封，并置于相应的温度（300～1 000℃）煅烧 8 h，得到最终的样品。实验中的反应装置如图 3－1 所示。

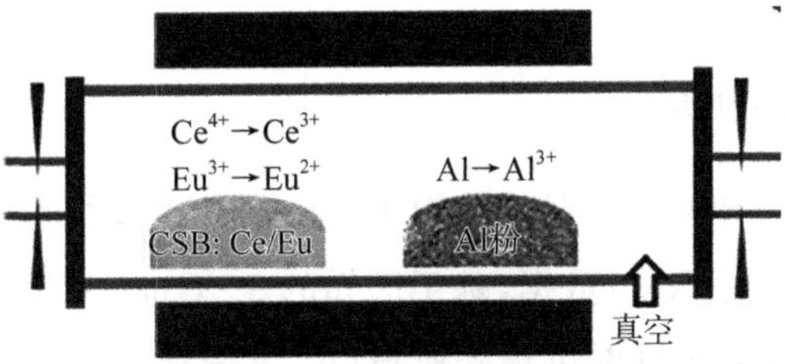

图 3－1　实验中的反应装置示意图

Al 粉在反应制备过程中充当 O 受体，加热后，CeO_2 和 Eu_2O_3 中的氧由于氧分压的变化溢出，被 Al 捕获，Al 与氧反应生成氧化铝，而 Ce^{4+} 和 Eu^{3+} 则被还原成低价的 Ce^{3+} 和 Eu^{2+}。参比样品 Ca_2SiO_4:Ce/Eu、$Ca_3B_2O_6$:Ce/Eu 和 YAG:Ce/Eu 也由固相反应法制得。其中，Ca_2SiO_4:Ce/Eu 的初始粉料在 1 250℃下煅烧 24 h 制得，$Ca_3B_2O_6$:Ce/Eu 的初始粉料在 1 100℃下煅烧 2 h 制得，YAG:Ce/Eu 的初始粉料在 1 500℃下煅烧 12 h 制得，最终的参比样品都通过与 CSB:Ce/Eu 相同的方法优化制得。

粉末的 X 射线衍射光谱由 Bruker D8 Focus 衍射仪在室温条件下收集，以用于验证样品的物相及纯度。衍射仪采用 CuKα 射线，波长为 0.154 05 nm，运行时的管电压为 40 kV，管电流为 40 mA，扫描速度为 1°/ min。用作里特沃尔德（Rietveld）结构精修收集的 XRD 数据的扫描速度为 0.1°/ min，收集范围为 10°～80°，该结构精修使用的软件是 EXPGUI 和 GSAS 数据包[78-79]。样品的激发和发射光谱由 Horiba Jobin Yvon Fluoromax－4 荧光分光光度计测得。通过增加该仪器的附件积分球和数据包 ISO PLQY Calculator 来测量和计算样品的量子产率和色度坐标。使用 ESCAlab250 X 射线光电子能谱

(XPS)分析样品表面的各元素相对含量及化合态。

3.3 实验结果与讨论

本部分内容主要讨论 Ce^{3+}/Eu^{2+}/Eu^{3+} 活化的 $Ca_{11}(SiO_4)_4(BO_3)_2$ 物相结构、发光特性，研究了不同还原温度对荧光粉发光的影响，并讨论了荧光粉的热稳定性、色度坐标和 PL 量子产率，还对组装的 LED 器件进行了性能测试。

3.3.1 物相结构分析

$Ca_{11}(SiO_4)_4(BO_3)_2$ 的晶体结构通过粉末 X 射线衍射来确定。图 3-2 和图 3-3 所示的是 XRD 数据，基于已知的 β-$Ca_{10}(SiO_4)_4(CO_3)_2$ 结构并由 EXPGUI 和 GSAS 数据包精修所得(R_{wp}①=12.89%，R_p②=9.11%)。从图 3-2 可以看出，计算的衍射数据和实际测得的衍射数据能够很好地匹配。

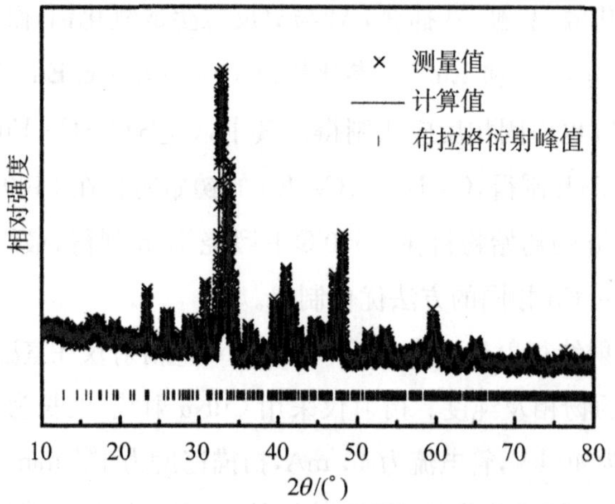

图 3-2 $Ca_{11}(SiO_4)_4(BO_3)_2$ 的 Rietveld 结构精修结果

① R_{wp} 为加权图形剩余方差因子。

② R_p 为图形剩余方差因子。

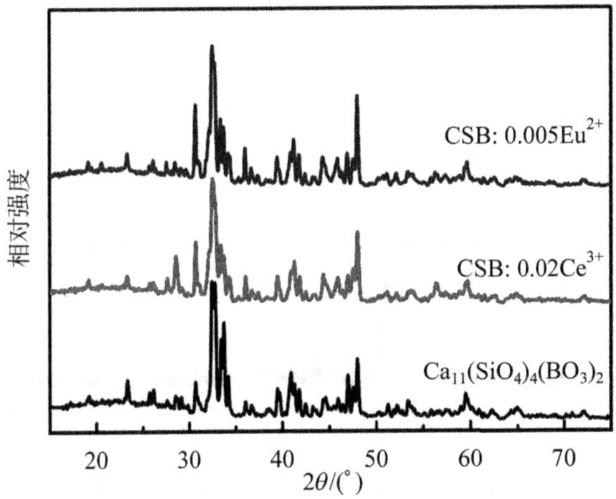

图 3－3　$Ca_{11}(SiO_4)_4(BO_3)_2$(CSB)、CSB:0.02Ce^{3+} 和 CSB:0.005Eu^{2+} 样品的 XRD 图谱

在 β－$Ca_{10}(SiO_4)_4(CO_3)_2$ 中，Ca^{2+}、Si^{4+} 和 C^{4+} 分别占据 5 个、2 个和 1 个晶体格位，CO_3 和 SiO_4 基团与 Ca 原子间的联动格局十分不规则。Ca 原子有 3 种不同的晶格位置(Ca1、Ca2、Ca3)，其中 Ca1 为 7 配位，Ca2 和 Ca3 为 8 配位[80]。当配位数为 7 时，Ca^{2+} 的离子半径为 1.06 Å，而 Eu^{3+} 的离子半径为 1.01 Å，Eu^{2+} 的离子半径为 1.2 Å，Ce^{3+} 的离子半径为 1.07 Å；当配位数为 8 时，Ca^{2+} 的离子半径为 1.12 Å，而 Eu^{3+} 的离子半径为 1.07 Å，Eu^{2+} 的离子半径为 1.25 Å，Ce^{3+} 的离子半径为 1.14 Å。考虑到 Ca^{2+} 与 Eu^{3+}、Eu^{2+}、Ce^{3+} 具有相近的离子半径和价态，我们认为，Eu^{3+}、Eu^{2+}、Ce^{3+} 进入 CSB 晶格中后倾向于取代 Ca 位。图 3－3 所示为 CSB、CSB: 0.02Ce^{3+}、CSB: 0.005Eu^{2+} 的粉末衍射光谱，在 Eu^{3+}、Eu^{2+}、Ce^{3+} 单掺杂和 Eu^{3+}、Eu^{2+}、Ce^{3+} 共掺杂的情况下，XRD 图谱都具有相似的形状，表明通过固相反应法制得的样品均为纯 CSB 相，同时 Eu^{3+}、Eu^{2+}、Ce^{3+} 的掺杂没有破坏 CSB 的晶体结构，也没有引入杂相。

图 3－4 所示为参比样品 Ca_2SiO_4：0.02Ce/0.005Eu、$Ca_3B_2O_6$：0.01Ce/0.001Eu 和 YAG:0.02Ce/0.03Eu 粉末的 X 射线衍射图谱。如图所示，所制得的参比样品均具有良好的纯度。

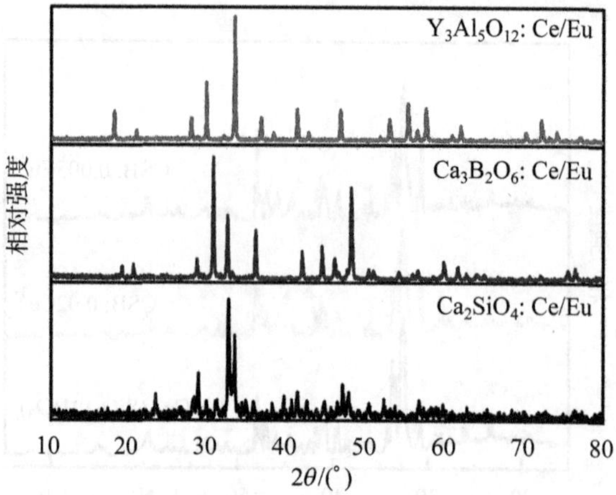

图 3-4　参比样品 Ca_2SiO_4:0.02Ce/0.005Eu、$Ca_3B_2O_6$:0.01Ce/0.001Eu 和 YAG:0.02Ce/0.03Eu 的 X 射线衍射图谱

3.3.2　Eu^{3+}、Eu^{2+}、Ce^{3+} 单掺杂 $Ca_{11}(SiO_4)_4(BO_3)_2$ 的光致发光特性

图 3-5 给出了 CSB:0.005Eu^{3+} 样品的光致激发光谱(λ_{em} = 611 nm)和发射光谱(λ_{ex} = 393 nm),从图中可见,激发光谱可以分为两部分:① 350 nm 以下的宽激发带属于基质激发;② 350 nm 以上的一系列线状激发带为 Eu^{3+} 的特征 f→f 跃迁吸收(393 nm:$^7F_0 \rightarrow {}^5L_6$;463 nm:$^7F_0 \rightarrow {}^5D_2$;532 nm:$^7F_0 \rightarrow {}^5D_1$)。

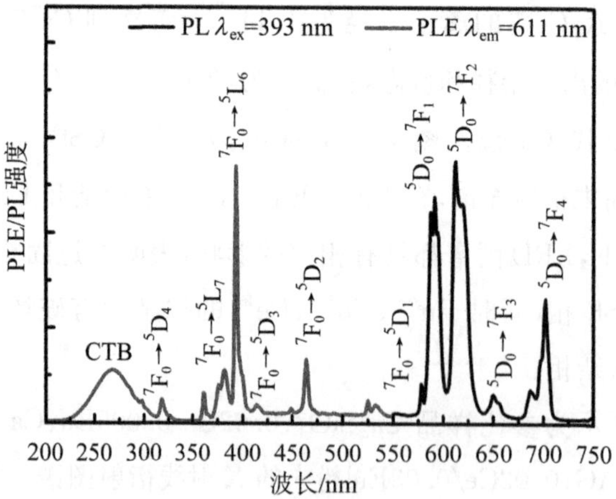

图 3-5　CSB:0.005Eu^{3+} 样品的光致激发光谱(λ_{em} = 611 nm)和发射光谱(λ_{ex} = 393 nm)

将激发波长固定为 393 nm,得到样品的发射光谱(见图 3-5),主要的发射峰位于 587 nm、613 nm、623 nm、650 nm、702 nm。这些都是对应 Eu^{3+} 的 ^5D_J ($J=0$, 1) → ^7F_J ($J=1$, 2, 3, 4)跃迁的特征发射峰。

图 3-6 给出了 CSB:$y$$Eu^{2+}$ ($y=0.001$～0.02) 样品的光致激发光谱($\lambda_{em}=505$ nm)和发射光谱($\lambda_{ex}=365$ nm)。如图 3-6 所示,在 365 nm 的紫外光激发下,CSB:$y$$Eu^{2+}$ 表现出了强烈的绿光发射,发光中心位于 505 nm,这对应的是 Eu^{2+} 最低能级的 5d 电子从激发态跃迁至 4f 基态的允许电偶极(electric dipole allowed) 跃迁。位于 505 nm 的发射峰强度在 Eu^{2+} 掺杂摩尔浓度为 0.5%时达到最大值,之后,随着 Eu^{2+} 掺杂浓度的继续增加,发光强度由于浓度猝灭开始降低。

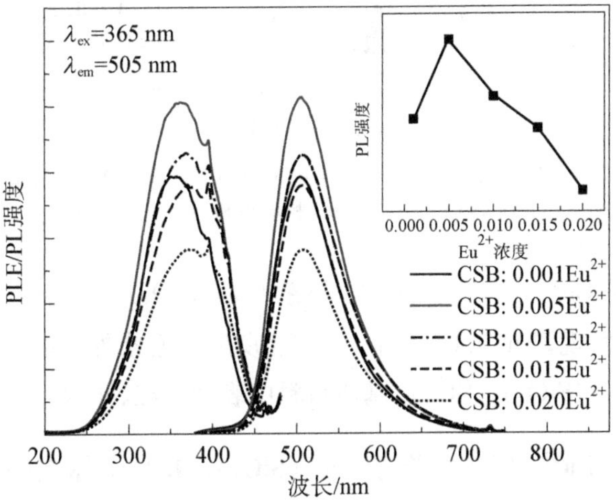

图 3-6 CSB:$y$$Eu^{2+}$ ($y=0.001$～0.02) 样品的光致激发光谱($\lambda_{em}=505$ nm)和发射光谱($\lambda_{ex}=365$ nm)

图 3-7 给出了 CSB:$x$$Ce^{3+}$ ($x=0.005$～0.025) 样品的光致激发光谱($\lambda_{em}=430$ nm)和发射光谱($\lambda_{ex}=353$ nm)。在激发光谱中,从 230 nm 到 450 nm 的激发峰对应的是 Ce^{3+} 的 $4f^1$ → $5d^1$ 的可允许跃迁,由于 Ce^{3+} 的 $5d^1$ 激发态能级之间重叠严重,因此主要的激发峰很难被分解出来。在 353 nm 的紫外光激发下,CSB:Ce^{3+} 表现出强烈的蓝光发射,发射峰位于 360～600 nm,发光中心位于 430 nm,这对应的是 Ce^{3+} 的 5d 电子从激发态跃迁至 $^2F_{5/2}$ 和 $^2F_{7/2}$ 基

态跃迁。位于 430 nm 的蓝光发射强度随着 Eu^{2+} 掺杂浓度的增加而增加，在 Ce^{3+} 掺杂摩尔浓度为 2%时达到最大值。此后，发光强度由于浓度猝灭开始降低。

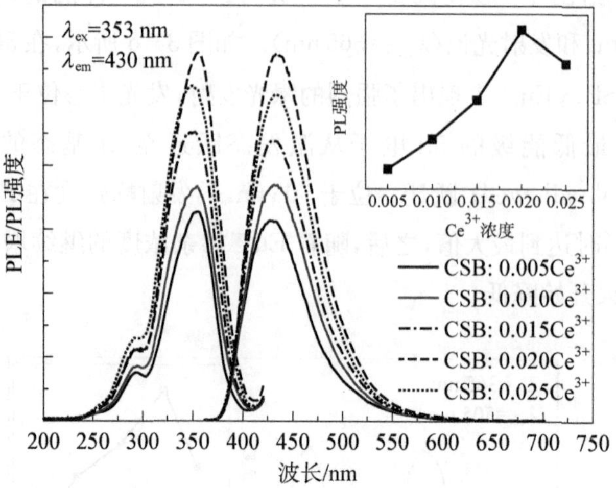

图 3-7 CSB:$x$$Ce^{3+}$ (x = 0.005～0.025) 样品的光致激发光谱(λ_{em} = 430 nm)和发射谱(λ_{ex} = 353 nm)

在完成了 Eu^{3+}、Eu^{2+}、Ce^{3+} 单掺杂 $Ca_{11}(SiO_4)_4(BO_3)_2$ 荧光粉的探索制备后，我们发现，Eu^{3+}、Eu^{2+} 和 Ce^{3+} 能够在相近紫外/近紫外波段的激发下，分别在 $Ca_{11}(SiO_4)_4(BO_3)_2$ 基质材料中表现出红、绿、蓝三基色发射。

3.3.3 Eu^{3+}、Eu^{2+}、Ce^{3+} 共掺杂 $Ca_{11}(SiO_4)_4(BO_3)_2$ 体系中 Ce^{3+} 和 Eu^{n+} (n = 2, 3)之间的能量传递

在一种基质材料中利用 Ce^{3+}/Eu^{2+}、Ce^{3+}/Mn^{2+}、Eu^{2+}/Mn^{2+} 共掺的方法实现能量传递和荧光转换，是目前制备单相基质荧光粉的常用手段。因此，我们对 Ce/Eu 共掺 $Ca_{11}(SiO_4)_4(BO_3)_2$ 荧光粉进行了制备合成，并对它们之间的能量传递过程进行了系统性研究。

在 Ce/Eu 共掺 $Ca_{11}(SiO_4)_4(BO_3)_2$ 荧光粉的制备过程中，我们发现，总有一部分 Eu^{3+} 不能被还原成二价而存留在 CSB 基质中。有报道称，Eu^{3+} 能够在某些特定的基质中稳定存在[81]，特别是在 Ce/Eu 共掺的情况下[82]。在 $Ca_{11}(SiO_4)_4(BO_3)_2$ 中 Ca 位掺杂 Eu^{2+}，晶格中的电荷补偿要求一对一的替换。

但如果是 R^{3+} ($R=$ Ce, Eu) 掺杂，则大体上涉及两个 R^{3+} 取代 3 个 Ca^{2+}。有两种方式实现晶格中的电荷平衡：一种是一个 R^{3+} 取代一个 Ca^{2+} 并留下一个 Ca 空位，即 $2Ca^{2+} \rightarrow 2R^{3+} + V''_{Ca}$，形成偶极络合物 $[2(R^{3+}_{Ca}) \bullet\text{-}\ V''_{Ca}]$，$V''_{Ca}$ 是 Ca 的阳离子空位；另一种则是形成氧空位 (O_i) 来实现电荷平衡，即 $2Ca^{2+} \rightarrow 2R^{3+} + O''_i$，形成偶极络合物 $[2(R^{3+}_{Ca}) \bullet\text{-}\ O''_i]$。事实上，在 Ce/Eu 共掺的系统中，铈和铕两种共轭元素存在着一个电荷平衡，反应方程式可以描述为

$$Ce^{3+} + Eu^{3+} \rightleftharpoons Ce^{4+} + Eu^{2+} \tag{3-1}$$

这也解释了为什么总有一部分 Eu^{3+} 会留存在基质中。我们用光电子能谱分析对此做了进一步的确认。

图 3-8 展示了 1000℃ Al 还原 CSB:0.02Ce/0.005Eu 样品的光电子能谱。如图所示，样品中我们检测到了 Ce 元素和 Eu 元素，能谱中 Eu $3d_{5/2}$ (约 1136 eV) 和 Ce 3d 的 core-level① 峰的强度相对较低，这主要是由于 Ce 和 Eu 是低浓度掺杂。图 3-8 中的插图为 Ce 3d 能级的光电子能谱的高分辨解析，由图可知，位于 916.7 eV、905.6 eV 和 887 eV 的卫星峰为 Ce^{4+} 的特征峰，从而确定了 1000℃ Al 还原 CSB:0.02Ce/0.005Eu 样品中 Ce^{4+} 的存在。再结合它的发射光谱，铈和铕两种共轭元素间的电荷平衡被进一步证实。

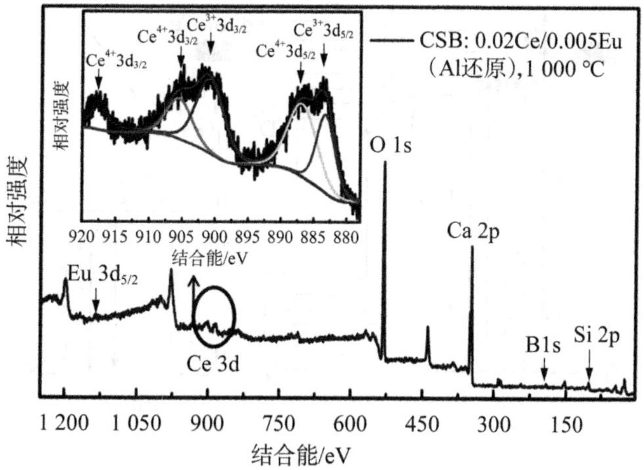

图 3-8　1000℃ Al 还原 CSB:0.02Ce/0.005Eu 样品的光电子能谱

① core-level 指靠近原子核的内层电子。

由图 3-6 和图 3-7 可以发现，CSB: Ce^{3+} 的发射光谱（$5d^1 \rightarrow 4f^1$）与 CSB: Eu^{2+} 的激发光谱（$4f^6 5d^1 \rightarrow 4f^7$）之间存在着重叠，因此，在 Ce/Eu 共掺的情况下，Ce^{3+} 与 Eu^{2+} 之间有可能存在一个高效的共振能量传递。

图 3-9(a)所示为 CSB: 0.02Ce^{3+}/yEu(y=0～0.020)荧光粉在 353 nm 紫外光激发下的光致发光图谱，可见随着 Eu^{2+} 掺杂浓度的增加，位于 430 nm

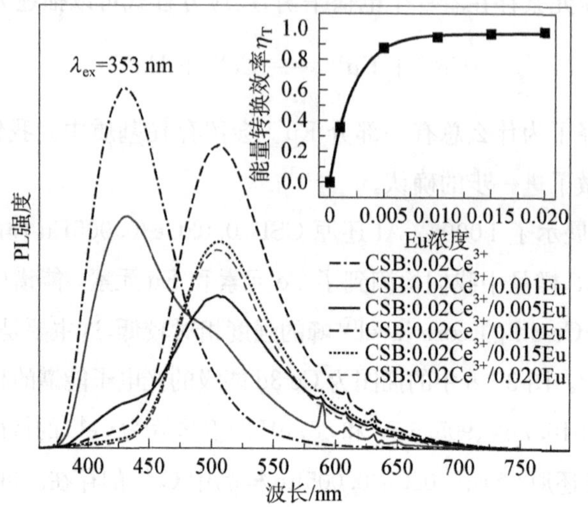

(a)

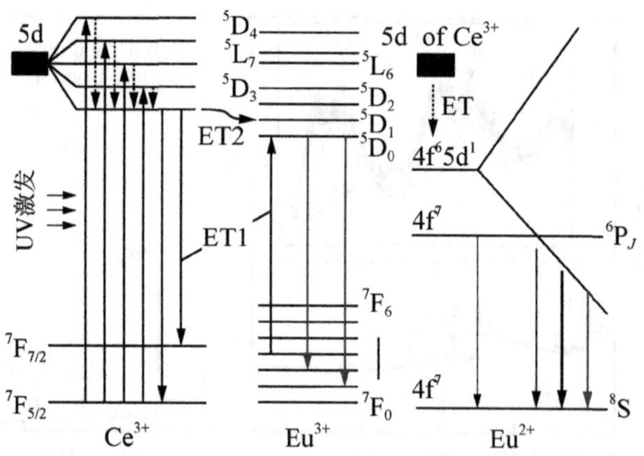

(b)

ET—能量传递；ET1—能量传递 1；ET2—能量传递 2。

图 3-9 CSB 光致发光图谱和 Ce → Eu 能量传递图

(a) CSB:0.02Ce^{3+}/yEu 样品的光致发光图谱（插图是能量转换效率随 Eu 掺杂量的变化趋势图）；(b) CSB 中 $Ce^{3+} \rightarrow Eu^{2+}$ 和 $Ce^{3+} \rightarrow Eu^{3+}$ 能量传递模拟图

的 Ce^{3+} 发射强度逐渐降低，而位于 505 nm 处的 Eu^{2+} 发射强度逐渐增加，直至 Eu^{2+} 的掺杂摩尔浓度达到 1%时，Eu^{2+} 的发射出现猝灭。这种现象正是由于 Ce^{3+} 与 Eu^{2+} 之间的能量传递。

Ce^{3+} 和 Eu^{2+} 的 4f→5d 跃迁是一种容许跃迁，基于德克斯特能量转移理论[61,83]，Ce^{3+} 与 Eu^{2+} 之间的能量传递通常是通过偶极-偶极跃迁的方式进行。因此，Ce^{3+} 与 Eu^{2+} 之间能量传递的临界距离 R_c 可以由下述方程式求得[84-85]：

$$R_c^6 = (3\times 10^{12}) f_d \int \frac{F_S(E) F_A(E)}{E^4} dE \tag{3-2}$$

式中，$f_d \approx 0.02$ 是 Eu^{2+} 电偶极跃迁的振子强度；$\int F_S(E) F_A(E)/E^4 dE$ 代表了 Ce^{3+} 发射光谱$[F_S(E)]$和 Eu^{2+} 激发光谱$[F_A(E)]$之间归一化后重叠部分的积分面积，经计算，其值约为 0.020 7 eV^{-5}。因此，我们可以得出 Ce^{3+} 与 Eu^{2+} 之间能量传递的临界距离 R_c 约为 32.8 Å。

与此同时，我们认为 Ce^{3+} 与 Eu^{3+} 之间也有可能发生能量传递。事实上，在 Ce^{3+}/Eu^{3+} 共掺的情况下，由于 Ce^{3+} 的 $4f^2 \rightarrow 4f5d$ 和 $4f^2 \rightarrow 4f^2$ 跃迁能够在很宽的范围内有效地响应紫外激发[86]，因此 Eu^{3+} 的发光效率将受益于 Ce^{3+} 与 Eu^{3+} 之间的能量传递，因为这减少了 Eu^{3+} 的非辐射能量损失。图 3-9(b) 展示了 Ce^{3+} 与 Eu^{3+} 之间发生的能量传递。Ce^{3+} 与 Eu^{3+} 之间的能量传递主要存在两种方式：① 能量传递 1(简写为 ET1)。$^5D_0 + ^7F_3(Eu^{3+}) \leftrightarrow ^2F_{5/2} + ^2D(5d)(Ce^{3+})$的交叉弛豫在 Ce^{3+}/Eu^{3+} 共掺的情况下会稳定存在，并将显著地提升 $^5D_0$ 能级的发射。② 能量传递 2(简写为 ET2)，由于能级的匹配，Ce^{3+} 的 $^2D(5d)$ 能级能将能量有效地传递给 Eu^{3+} 的 $^5D_1$ 能级，进而减少了 $^5D_1$ 与 $^5D_0$ 之间多声子弛豫的发生。

为了更好地研究 Ce^{3+} 与 $Eu^{n+}(n=2, 3)$之间的能量传递过程，我们对从 Ce^{3+} 到 $Eu^{n+}(n=2, 3)$的能量传递效率(η_T)做了进一步的计算。基于 Paulose 等[87]的研究，Ce^{3+} 与 $Eu^{n+}(n=2, 3)$之间的能量传递效率(η_T)可以表示为

$$\eta_T = 1 - \frac{I_S}{I_{S0}} \tag{3-3}$$

式中，I_S和 I_{S0} 分别是有敏化剂(Ce^{3+})和没有敏化剂(Eu^{2+})情况下的发射强度。图 3-9(a)中的插图显示了 Ce^{3+} 与 Eu^{n+}($n=2, 3$)之间的能量传递效率(η_T)随 Eu 掺杂浓度的变化曲线。由图可知，Ce^{3+} 与 Eu^{n+}($n=2, 3$)之间的能量传递效率(η_T)随 Eu 掺杂浓度的增加而增加，Ce^{3+} 与 Eu^{n+}($n=2, 3$)之间存在着高效能量传递。

3.3.4 温度对 Eu^{3+}、Eu^{2+}、Ce^{3+} 单/共掺杂 $Ca_{11}(SiO_4)_4(BO_3)_2$ 荧光粉的影响

众所周知，白光可以由红、绿、蓝三基色组合产生。既然 Eu^{3+}、Eu^{2+} 和 Ce^{3+} 能够在相近紫外/近紫外波段的激发下分别在 $Ca_{11}(SiO_4)_4(BO_3)_2$ 基质材料中表现出红、绿、蓝三基色发射，那么将 Eu^{3+}、Eu^{2+} 和 Ce^{3+} 共同掺杂到 $Ca_{11}(SiO_4)_4(BO_3)_2$ 基质中，则有可能实现红、绿、蓝三基色在单相荧光粉中共存发射，从而制得紫外激发的白光发射的单相荧光粉。

为了准确地控制 Al 还原对于 Eu^{3+} 的还原程度，我们对 Al 还原 Eu^{3+} 与反应温度的关系进行了探究。图 3-10 为不同温度下 Al 还原 CSB:0.005Eu 的光致发光图谱(365 nm 紫外激发)。在反应温度低于 500℃的样品中，PL 谱表现为典型的 Eu^{3+} 发射图谱。位于 587 nm、613 nm、623 nm、650 nm 和

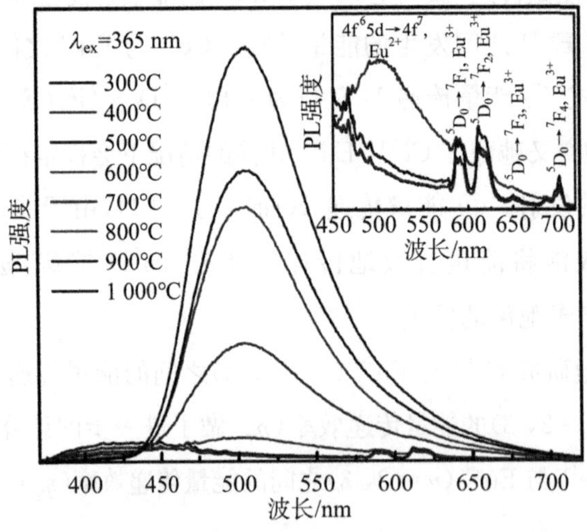

图 3-10 不同反应温度的 CSB:0.005Eu 样品的光致发光图谱(彩图见附录)

702 nm 的尖峰分别对应 Eu^{3+} 的特征发射峰：$^5d_J(J=0,1)\rightarrow{}^7F_J(J=1,2,3,4)$。三个样品的发射强度并没有发生明显的变化，这表明反应温度低于 500℃时，Eu^{3+} 并没有被还原。而当还原温度升至 600℃时，在 450～580 nm 的波段检测到了一个宽光谱发射。这个宽光谱发射正是对应 Eu^{2+} 的 5d→4f 跃迁。而 Eu^{3+} 的特征发射依然能够被检测到，但是发射强度减弱。通过以上现象可以确定，Al 还原 CSB:0.005Eu 的反应发生温度应为 600℃。当继续提升 Al 还原温度时，从图 3-10 可以发现，Eu^{2+} 的发射强度逐渐增加，到还原温度为 1 000℃时，已经检测不到 Eu^{3+} 的特征发射，代表 Eu^{3+} 已经完全被还原为 Eu^{2+}。

通过上述实验，我们探明了 Al 还原 Eu^{3+} 的反应发生温度为 600℃。因此，我们对两组荧光粉（CSB:0.02Ce/0.001Eu 和 CSB:0.02Ce/0.005Eu）在不同反应温度下，做了 Al 还原处理，得到的光致发光图谱如图 3-11 所示。在 CSB:$xCe^{3+}/yEu^{2+}/zEu^{3+}$ 系统中，Eu^{3+}、Eu^{2+} 和 Ce^{3+} 分别充当红光、绿光和蓝光发射中心，Ce^{3+}、Eu^{2+}、Eu^{3+} 之间的强度通过控制 Al 还原的反应温度和反应时间来调节。我们在 700℃ Al 还原 CSB:0.02Ce/0.005Eu 8 h 的情况下，得到了暖白光发射单相荧光粉——Al-Re CSB:0.02Ce/0.005Eu（简写为 4#荧光粉）。

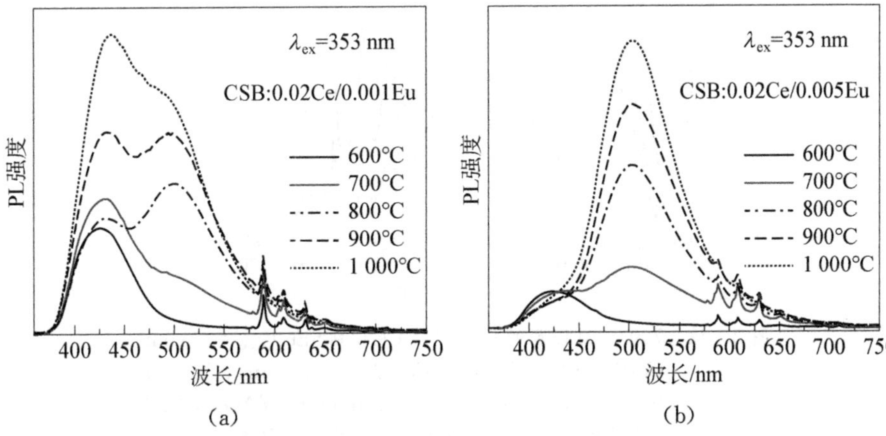

图 3-11　不同温度下经 Al 还原后样品的光致发光图谱

(a)CSB:0.02Ce/0.001Eu 样品的 PL 图谱；(b)CSB:0.02Ce/0.005Eu 样品的 PL 图谱

然后，我们对荧光粉的应用性能做了充分的探究，包括 CSB 基质材料与目前商用荧光粉基质材料的色彩平衡能力比较、荧光热稳定性、色度坐标以及 LED 器件组装。

图 3－12 所示为 700℃ Al 还原 CSB:0.02Ce/0.005Eu (λ_{ex}＝353 nm)、Ca_2SiO_4:0.02Ce/0.005Eu (λ_{ex}＝356 nm)、$Ca_3B_2O_6$:0.01Ce/0.001Eu (λ_{ex}＝357 nm) 和 YAG:0.02Ce/0.03Eu (λ_{ex}＝465 nm)在相应波长激发下的光致发光图谱。从图 3－12 中可以清楚地看到，与常用的单基质材料相比，CSB 表现出了优异的对于来自不同发光中心色彩的平衡能力。我们认为，这归因于"基团协同效应"，即 CSB 中同时含有[SiO_4^{4-}]和[BO_3^{3-}]两种基团。这两种基团同时存在于 CSB 单相材料中，使得 CSB 为 d→f 电子跃迁提供了合适的晶体场环境，进而使得 Eu^{2+} 和 Ce^{3+} 分别表现出了它们在单基团基质材料中特有的绿光和蓝光发射，与此同时，还为 Eu^{3+} 的发射提供了高效的能量传递通道，这在一定程度上保证了 Eu^{3+} 的发射强度。红、绿、蓝三基色在 CSB 基质材料得到了很好的平衡，从而使我们制得了预期的紫外激发-单相白光发射荧光粉——CSB:Ce^{3+}/Eu^{2+}/Eu^{3+}。

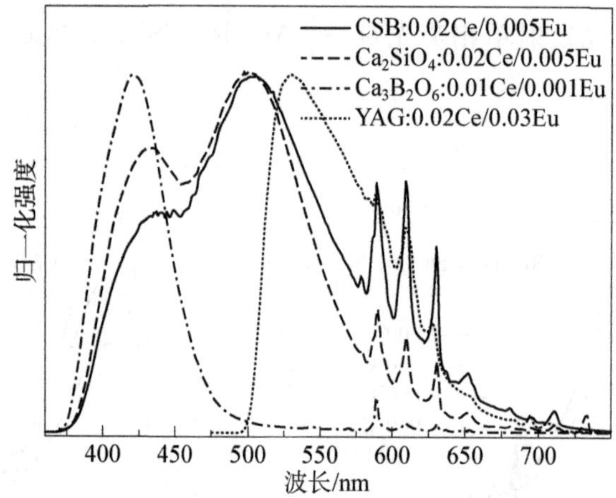

图 3－12 700℃ Al 还原的 CSB:0.02Ce/0.005Eu (λ_{ex}＝353 nm)、Ca_2SiO_4:0.02Ce/0.005Eu (λ_{ex}＝356 nm)、$Ca_3B_2O_6$:0.01Ce/0.001Eu (λ_{ex}＝357 nm) 和 YAG:0.02Ce/0.03Eu(λ_{ex}＝465 nm)样品的光致发光图谱

3.3.5 $Ca_{11}(SiO_4)_4(BO_3)_2$:Ce^{3+}/Eu^{2+}/Eu^{3+}荧光粉的荧光热稳定性

我们对 CSB:Ce^{3+}/Eu^{2+}/Eu^{3+} 的荧光热稳定性进行了研究，图 3－13 所

示为 CSB:$Ce^{3+}/Eu^{2+}/Eu^{3+}$ 随温度变化的光致发光图谱，插图为不同温度下的 CSB:$Ce^{3+}/Eu^{2+}/Eu^{3+}$ 的光致发光图谱($\lambda_{ex}=353$ nm)。从图中可以看到，CSB:$Ce^{3+}/Eu^{2+}/Eu^{3+}$ 总体的发光强度随着温度的升高而降低。当温度上升至 100℃时，Ce^{3+}、Eu^{2+} 和 Eu^{3+} 的发射强度分别降至其初始发射强度值的 86.3%、73.4% 和 67.7%。三个发光中心的荧光热稳定性表现虽然不尽相同，但还是表现出了一定的同步性。我们认为，这是由[SiO_4^{4-}]和[BO_3^{3-}]两种基团对于不同发光中心的发光有着不同的贡献所致。需要指出的是，对于复合基团单相荧光粉中不同发光中心之间的内部影响等因素，仍然需要我们在今后的工作中做进一步的探究。

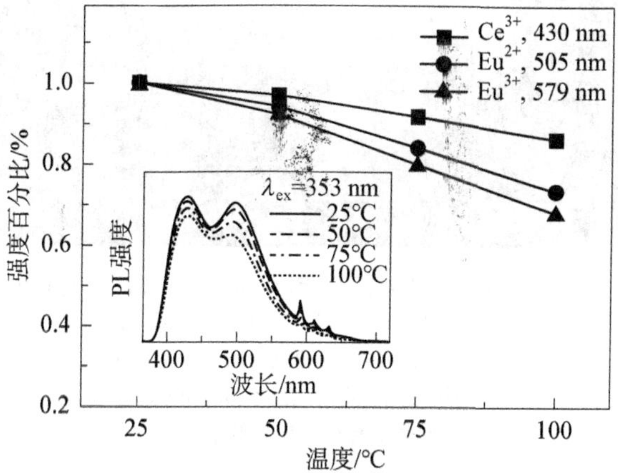

图 3-13 CSB 中 Ce^{3+}、Eu^{2+} 和 Eu^{3+} 三个不同发光中心的发光强度随温度的变化曲线

3.3.6 $Ca_{11}(SiO_4)_4(BO_3)_2:Ce^{3+}/Eu^{2+}/Eu^{3+}$ 荧光粉的量子产率及色度坐标

图 3-14 展示了 CSB:0.02Ce^{3+}($\lambda_{ex}=353$ nm)、CSB:0.005Eu^{2+}($\lambda_{ex}=365$ nm) 和 CSB:0.005Eu^{3+} 的色度坐标，部分荧光粉的色度坐标在表 3-1 中列出。图 3-14 中的插图是在 353 nm 紫外光激发下的 Al-Re CSB:0.02Ce/0.005Eu 样品在 700℃的光致发光图谱。所有照片均是样品在 365 nm 紫外灯照射下，置于黑室中拍摄得到的。通过调节 Ce 和 Eu 的比例，色度坐标可以从深蓝色区域(0.154, 0.082) 调控至绿色区域 (0.162, 0.098)，并最终通过控制 Al 还原反应温度将 CIE 色度坐标调控至白光发射区域。

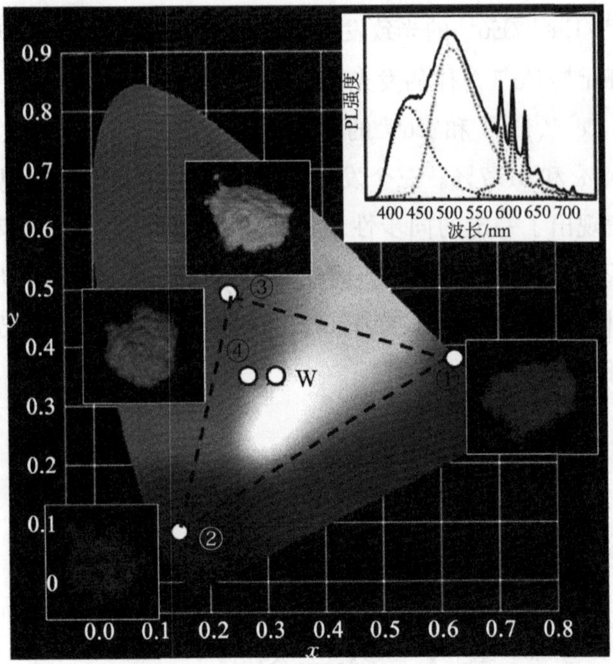

图 3-14　700℃ 下，① CSB: 0.02Ce^{3+} (λ_{ex} = 353 nm)、② CSB: 0.005Eu^{2+} (λ_{ex} = 365 nm)、③ CSB: 0.02Eu^{3+} (λ_{ex} = 394 nm) 和④ Al-Re CSB: 0.02Ce/0.005Eu(λ_{ex} = 353 nm)样品的 1931 年 CIE 色度坐标(彩图见附录)

表 3-1 列出了部分样品的量子产率和色度坐标，表 3-2 给出了不同还原温度处理后的 CSB: 0.02Ce/0.001Eu 和 CSB: 0.02Ce/0.005Eu 荧光粉的色度坐标。同时给出商业三基色荧光粉和商业黄色荧光粉 YAG:Ce^{3+} 在相关激发波长下的量子产率作为参考。CSB: 0.02Eu^{3+} (λ_{ex} = 394 nm)、CSB: 0.02Ce^{3+} (λ_{ex} = 353 nm)以及 CSB: 0.02Eu^{2+} (λ_{ex} = 365 nm) 的量子产率分别为 9.7%、15.9%和 5.3%。而 4#荧光粉样品的量子产率为 2.4%。需要指出的是，我们并没有对制备的荧光粉做进一步的细化处理。样品的量子产率可以通过调控样品颗粒大小、粒度分布、形貌及化合物的结晶缺陷来做进一步优化。

表 3-1　CSB: $Ce^{3+}/Eu^{2+}/Eu^{3+}$ 荧光粉的量子产率(η)和色度坐标(x, y)

样品编号	样品成分	λ_{ex}/nm	η/%	CIE (x, y)
1	CSB:0.02Eu^{3+}	394	9.7	(0.624, 0.375)
2	CSB:0.02Ce^{3+}	353	15.9	(0.154, 0.082)
3	CSB:0.005Eu^{2+}	365	5.3	(0.247, 0.478)
4	Al-Re CSB:0.02Ce/0.005Eu, 700℃	353	2.4	(0.267,0.348)
a	Al-Re Ca_2SiO_4: 0.02Ce/0.005Eu, 700℃	356	—	(0.198, 0.274)
b	Al-Re $Ca_3B_2O_6$: 0.01Ce/0.001Eu, 700℃	357	—	(0.175, 0.044)
c	Al-Re YAG: 0.02Ce/0.03Eu, 700℃	465	—	(0.401, 0.579)
w	白光 LED	—	—	(0.314, 0.348)[32]
d	XCJ-R $Y_2O_3:Eu^{3+}$	394	9.6	—
e	XCJ-G $CeMgAl_{10}O_{19}:Tb^{3+}$	365	11.3	—
f	XCJ-B $BaMgAl_{10}O_{17}:Eu^{2+}$	365	94.3	—
g	Hongda YAG:Ce^{3+}	465	39.8	—

表 3-2　不同还原温度处理后的 CSB:0.02Ce/0.001Eu 和 CSB:0.02Ce/0.005Eu 荧光粉的色度坐标

还原温度/℃	CIE (x, y)	
	CSB:0.02Ce/0.001Eu	CSB:0.02Ce/0.005Eu
600	(0.195, 0.090)	(0.208, 0.118)
700	(0.213, 0.193)	(0.267, 0.348)
800	(0.215, 0.306)	(0.241, 0.426)
900	(0.201, 0.266)	(0.243, 0.442)
1000	(0.179, 0.216)	(0.223, 0.436)

3.3.7 LED 器件组装及性能测试

我们使用 365 nm 的紫外芯片与 CSB:0.02Eu^{3+}、CSB:0.02Ce^{3+}、CSB:0.005Eu^{2+} 和 4＃荧光粉样品组装成了 LED 灯。在 20 mA 电流的驱动下，它们分别展示了强烈的红光、蓝光、绿光和暖白光发射，如图 3-15 所示。LED 灯的发射与图 3-14 中所示的 365 nm 紫外灯照射的荧光粉的发光相一致，结合我们所制备的荧光粉的热稳定性、PL 图谱等特性，表明我们的荧光粉具有制备器件和实际应用的潜能。

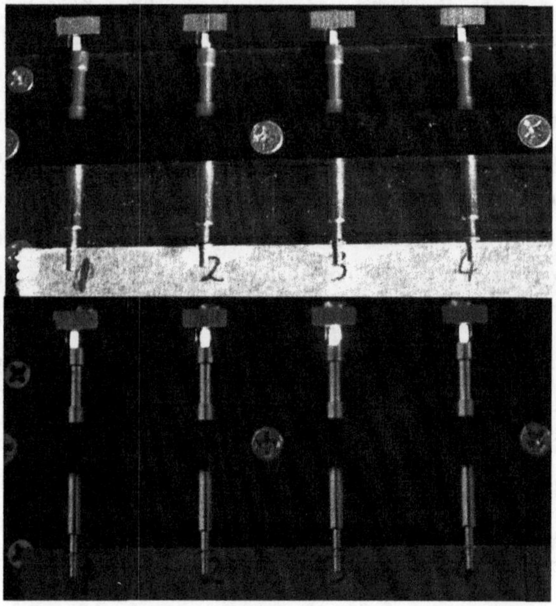

1—CSB: 0.02Eu^{3+}；2—CSB: 0.02Ce^{3+}；3—CSB: 0.005Eu^{2+}；4—CSB: 0.02Ce/0.005Eu。

图 3-15　20 mA 电流驱动下使用 365 nm 紫外芯片组装的荧光转换 LED 器件(彩图见附录)

3.4 本章小结

我们首次通过 Al 还原固相合成反应成功制备了 $Ca_{11}(SiO_4)_4(BO_3)_2$: Ce^{3+}/Eu^{2+}/Eu^{3+} 荧光粉，提出了复合基团荧光粉设计合成理念，并对其发光性能进行了系统的研究，得到以下结论：

(1) Al 还原固相合成反应法是一种有效、方便的制备高性能荧光粉的方法。

(2) 在紫外光的照射下，$Ca_{11}(SiO_4)_4(BO_3)_2$: Eu^{3+} 具有强烈的红光发射；$Ca_{11}(SiO_4)_4(BO_3)_2$: Eu^{2+} 具有强烈的绿光发射，发光中心位于 505 nm (λ_{ex} = 365 nm)处，Eu^{2+} 的最佳掺杂摩尔浓度为 0.5%；$Ca_{11}(SiO_4)_4(BO_3)_2$: Ce^{3+} 具有强烈的蓝光发射，发光中心位于 505 nm (λ_{ex} = 365 nm)处，Ce^{3+} 的最佳掺杂

摩尔浓度为 2%。

(3) 在 $Ca_{11}(SiO_4)_4(BO_3)_2:Ce/Eu$ 体系中，由于 Ce^{4+}、Ce^{3+}、Eu^{2+}、Eu^{3+} 之间存在电荷平衡($Ce^{3+} + Eu^{3+} \rightleftharpoons Ce^{4+} + Eu^{2+}$)，$Eu^{3+}$ 的红光发射稳定存在。Ce^{3+}/Eu^{2+}、Ce^{3+}/Eu^{3+} 之间存在着复杂的能量传递。Ce^{3+}/Eu^{2+} 的能量传递通过偶极-偶极相互作用的方式进行。Ce^{3+} 与 Eu^{3+} 之间的能量传递主要存在两种方式：一种是 $^5D_0 + ^7F_3(Eu^{3+}) \leftrightarrow ^2F_{5/2} + ^2D(5d)(Ce^{3+})$ 的交叉弛豫在 Ce^{3+}/Eu^{3+} 共掺的情况下会稳定存在，并将显著提升 $^5D_0$ 能级的发射；另一种方式是由于能级的匹配，Ce^{3+} 的 $^2D(5d)$ 能级能将能量有效地传递给 Eu^{3+} 的 $^5D_1$ 能级。

(4) 在 700℃ 得到的紫外激发白光发射荧光粉 Al - Re CSB: 0.02Ce/0.005Eu 与常用基质材料(Ca_2SiO_4、$Ca_3B_2O_6$、$Y_3Al_5O_{12}$)相比，CSB 展示出了优异的光平衡能力。CSB 所具有的优异的色彩平衡能力被归结为基团间的协同效应(synergy effect)。

(5) 所得的 $Ca_{11}(SiO_4)_4(BO_3)_2:Ce^{3+}/Eu^{2+}/Eu^{3+}$ 荧光粉具有良好的荧光热稳定性，当温度上升至 100℃时，Ce^{3+}、Eu^{2+} 和 Eu^{3+} 的发射强度分别降至其初始发射强度值的 86.3%、73.4%和 67.7%。三个发光中心的荧光热稳定性表现出了一定的同步性。三个发光中心的荧光热稳定性表现出的差异性被认为是由于不同基团对于不同发光中心的贡献不同。

(6) 在 20 mA 电流的驱动下，我们所制备的 CSB: $0.02Eu^{3+}$、CSB: $0.02Ce^{3+}$、CSB: $0.005Eu^{2+}$ 和 4# 荧光粉样品组装的 LED 灯，展现出了强烈的红光、蓝光、绿光和暖白光发射，表明样品具有潜在的应用价值。

第4章 基于拓扑化学反应原理调制的 $Ca_2Si_4O_7F_2:Eu^{2+}$ 超宽连续光谱发射荧光粉

在荧光粉的研究中，控制掺杂的发光中心不仅是控制荧光粉光学性能的常用方法，还是使其所制备的电子器件能被广泛应用的基础。在制备荧光粉的众多方案中，等价、等离子半径的发光离子取代宿主阳离子的方法经常使用。然而，当掺杂离子与被取代的宿主阳离子之间的离子半径存在差异时，就会导致掺杂离子周围产生化学压力(chemical pressure)[88-94]。而这一现象会给荧光粉的光学性能带来诸多影响，例如荧光粉的量子产率偏低、发光中心的发射峰位置移动以及光谱形状产生变化等。

4.1 基本理论

以前的研究显示，当在一个氧化物基质材料中掺杂进一个大尺寸的离子时，掺杂离子周围局部的晶格环境会因为掺杂进了大尺寸的离子而使得阴离子受到挤压，与阳离子之间的离子键减短，进而产生化学压力，影响荧光粉或激光晶体等有外来掺杂离子材料的光学性能。经过众多研究者的不懈努力发现，当在氧化物基质材料中掺杂大尺寸的外来离子时，可以通过控制氧空位的产生，使其在电子性质、磁性和催化等方面有着较大变化进而提供部分空间，释放部分化学压力，提高荧光粉的光学性能。在 Zhang[95] 将 Bi 离子掺杂在 Lu_2O_3 中的 Lu 位上。在 Liu 等[30] 的实验中，运用 CaH_2、NaH 和 LiH 等氢化物作为还原剂对荧光粉进行还原。在还原过程中，基质材料的晶格位点上可以形成小量的氧空位，从而释放晶体结构中存在的部分化学压力，使发光性能不良的发光前驱体转变为高发光性能的还原相，而荧光粉整体的光谱形状不发生改变。

然而，由于这种氢化物还原方式是一种接触式反应，在使用 CaH_2、NaH 等还原荧光粉时会引入不纯相，同时，也需要对反应产物进行复杂的清洗以除去残留的还原剂及其反应残留物[96-97]。基于以上缺点，在本实验中，我们运用以 Al 粉为还原剂的拓扑化学反应法（非接触式 Al 还原法）进行荧光粉还原。因为这种还原方式中还原剂 Al 粉与还原样品不接触，从而避免对样品的污染，同时可以减少反应产物的清洗过程。在本研究中，选择 $Ca_2Si_4O_7F_2$:xEu^{2+}（缩写为 CSOF:xEu^{2+}）荧光粉为研究对象，运用非接触式 Al 还原法进行还原处理，我们通过调控还原的温度和时间实现了对发光中心的发光强度和发射光谱形状的调控。通过对比传统的 CO 还原，这种还原方式更加高效。对氧空位的分析证明了这种非接触式 Al 还原法可以通过对氧空位的调节来实现对荧光粉光学性能的改良。

4.2 荧光粉的制备

在该实验中，运用非接触式 Al 还原法制备 $Ca_2Si_4O_7F_2$:xEu^{2+} 荧光粉。按照计量配比称取原料粉 $CaCO_3$（分析纯）、SiO_2（分析纯）、CaF_2（分析纯）、Eu_2O_3（99.99%），置于研钵中，加入 5 mL 乙醇研磨至混合均匀，然后转移到氧化铝坩埚中，并放置于马弗炉中在 1 200℃下煅烧 8 h，得到前驱体。将前驱体研磨后按照与 Al 粉的比例为 1∶0.3 进行称取，然后分别放于 2 个坩埚舟中，一起置于管式炉中，在 1 000℃下还原处理 2 h 得到 $Ca_2Si_4O_7F_2$:xEu^{2+} 荧光粉。

4.3 实验结果与讨论

本部分内容主要讨论了 $Ca_2Si_4O_7F_2$:Eu^{2+} 的物相结构、发光特性以及不同还原时间、还原温度和还原气氛对荧光粉发光的影响，并讨论了荧光粉的光电子能谱、色度坐标和 PL 量子产率。

4.3.1 物相结构分析

$Ca_2Si_4O_7F_2:xEu^{2+}$ 系列荧光粉的 X 射线衍射图谱如图 4－1 所示。$Ca_2Si_4O_7F_2:xEu^{2+}$ 荧光粉的晶体空间群是 $P2_1/c$ (NO. 14)结构，其中，$a=7.5624(1)$ Å，$b=10.5722(2)$ Å，$c=10.9451(2)$ Å，$\beta=109.5984(11)°$，$V=824.37(9)$ Å^3。在 $Ca_2Si_4O_7F_2:xEu^{2+}$ 晶体结构中，每一个阳离子都有不同的配位情况。其中，Ca(1)有 8 个配位原子，包括 5 个氧配位和 3 个氟配位，Ca(1)与 O 原子的键长 Ca(1)—O 为 2.535 71 Å，Ca(1)与 F 原子的键长 Ca(1)—F 为 2.41412 Å；Ca(2)有 7 个配位原子，包括 4 个氧配位和 3 个氟配位，Ca(2)与 O 原子的键长 Ca(2)—O 为 2.494 9 Å，Ca(2)与 F 原子的键长 Ca(2)—F 为 2.33007 Å；Ca(3)有 6 个配位原子，包括 5 个氧配位和 1 个氟配位，Ca(3)与 O 原子的键长 Ca(3)—O 为 2.368 09 Å，Ca(3)与 F 原子的键长 Ca(3)—F 为 2.29127 Å；Ca(4)有 7 个配位原子，包括 6 个氧配位和 1 个氟配位，Ca(4)与 O 原子的键长 Ca(4)—O 为 2.450 61 Å，Ca(4)与 F 原子的键长 Ca(4)—F 为 2.375 36 Å。Si 处在一个四面体环境中，Si(1)和 Si(2)都有 4 个 O 原子配位，其中 Si(1)—O 为 1.6398 Å，Si(2)—O 为 1.642 53 Å。八配位和六配位的 Ca^{2+} 半径分别为 1.12 Å 和 1.00 Å，而八配位和六配位的 Eu^{2+} 半径为 1.25 Å 和 1.17 Å[98-103]。基于掺杂离子不同配位数下的离子半径与阳离子半径的匹配情况和掺杂离子的价态与阳离子的价态匹配，我们认为 Eu^{2+} 会随机占据 $Ca_4Si_2O_7F_2$ 晶体结构中 Ca^{2+} 的位置。

从图 4－1 中可以看出，在 Al 粉还原 2 h 下 $Ca_2Si_4O_7F_2:xEu^{2+}$ ($x=0$, 0.01, 0.03, 0.05, 0.07)系列荧光粉的 XRD 光谱与标准卡片 JCPDS ♯ 41－1474 数据几乎一致。这一结果表明，Eu^{2+} 掺杂进基质材料中，并未引起 $Ca_2Si_4O_7F_2$ 晶体结构的变化。同时可以表明，运用这种拓扑化学反应法还原方式不会引起物质晶体结构的变化。

4.3.2 $Ca_2Si_4O_7F_2:xEu^{2+}$ 荧光粉的发射光谱分析

图 4－2 所示为 $Ca_2Si_4O_7F_2:xEu^{2+}$ 系列荧光粉的发射光谱($\lambda_{ex}=365$ nm)。从图中可以看出，随着发光中心 Eu^{2+} 掺杂浓度的增加，发射光谱发生红移。随着掺杂浓度从 0.005 升高到 0.07，发射峰的位置从 475 nm

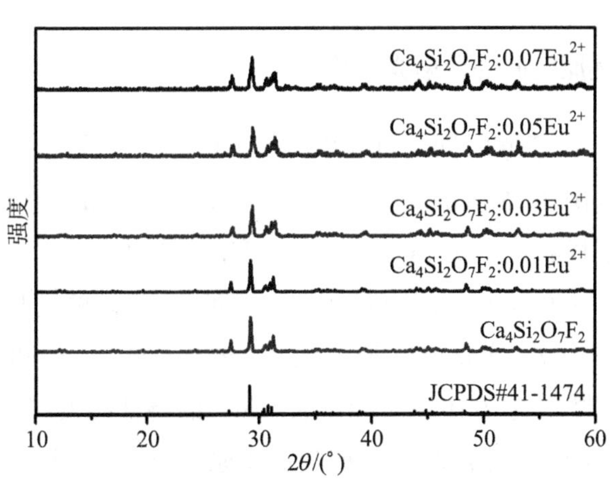

图 4-1　Al 还原的 $Ca_2Si_4O_7F_2:xEu^{2+}$ ($x=0, 0.01, 0.03, 0.05, 0.07$)系列荧光粉的 XRD 光谱

红移至 650 nm，同时发射光谱的形状也发生了明显的变化。掺杂浓度从 0.005 升高到 0.05 时，发射峰的宽度逐渐变宽；当掺杂浓度为 0.05 时，发射峰的形状呈现出全光谱性的双峰发射。因此，我们选择掺杂浓度为 0.05 作为研究对象。图 4-2 中的插图为发射峰强度归一化的光谱，可以明显看出光谱存在红移现象。

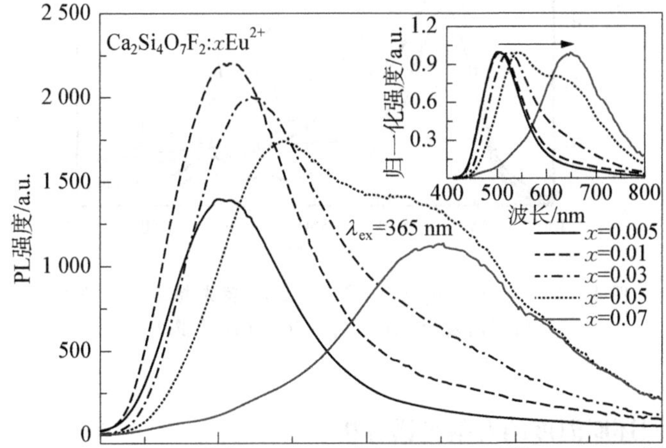

图 4-2　$Ca_2Si_4O_7F_2:xEu^{2+}$ ($x=0.005\sim0.05$)荧光粉的发射光谱 ($\lambda_{ex}=356$ nm)

4.3.3 不同还原时间的发射光谱分析

在不同的 Al 还原时间下，$Ca_2Si_4O_7F_2:0.05Eu^{2+}$ 荧光粉的发射($\lambda_{ex}=365$ nm)光谱如图 4-3 所示。从图中可以看出，由于 Eu^{2+} 的 $4f^65d^1\rightarrow 4f^7$ 电子跃迁，所有的样品在 470 nm 处都有一个宽的蓝光发射带。通过 PL 光谱可以看到，在 550～700 nm 范围内存在几个窄的发射峰，峰的位置在 578 nm、615 nm 和 655 nm 处，这分别与 Eu^{3+} 的 $^5D_0\rightarrow{}^7F_1$、$^5D_0\rightarrow{}^7F_2$ 和 $^5D_0\rightarrow{}^7F_3$ 电子跃迁相对应[104-108]。随着还原时间增长，Eu^{3+} 的特征峰发射强度逐渐降低，Eu^{2+} 的发射峰强度逐渐增加，这表明随着还原时间增长，越来越多的 Eu^{3+} 还原为 Eu^{2+}。当还原时间为 10 min 时，Eu^{3+} 就已经有了很好的还原，这种还原效果是 CO 气氛还原无法相比的。在反应时间为 2 h 时，$Ca_2Si_4O_7F_2:0.05Eu^{2+}$ 荧光粉的发射光谱出现 2 个宽峰，我们猜测这是由于 Al 粉还原气氛的影响，改变了基质材料一定的晶体场环境。

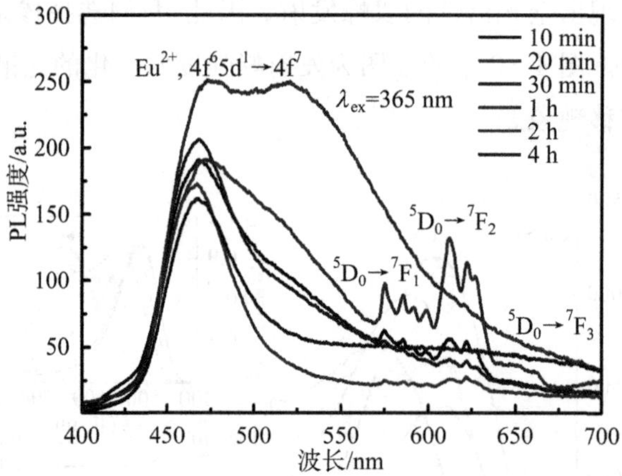

图 4-3 $Ca_2Si_4O_7F_2:0.05Eu^{2+}/Eu^{3+}$ 荧光粉不同还原时间下的发射光谱($\lambda_{ex}=365$ nm)(彩图见附录)

4.3.4 不同还原温度的发射光谱分析

图 4-4 所示为 $Ca_2Si_4O_7F_2:0.05Eu^{2+}$ 荧光粉在 600～1 000℃的还原温度下还原 2 h 的发射光谱($\lambda_{ex}=365$ nm)。如图所示，在 600～800℃时，由于 Eu^{3+} 的 $^5D_0\rightarrow{}^7F_1$、$^5D_0\rightarrow{}^7F_2$、$^5D_0\rightarrow{}^7F_3$ 电子跃迁，在 550～700 nm 范围内存在

对应的特征峰[109-113]。这是由于温度没有达到样品的还原温度，荧光粉样品中的 Eu^{3+} 没有还原，还原温度越低，$Ca_2Si_4O_7F_2$ 基质中的 Eu^{3+} 越多，Eu^{3+} 的特征峰发射强度越强。随着还原温度升高，Eu^{3+} 逐渐还原为 Eu^{2+}，而当还原温度为 900℃时，Eu^{3+} 的特征峰发射强度显著降低，开始出现 Eu^{2+} 的特征峰（$4f^65d^1 \rightarrow 4f^7$ 的电子跃迁产生位于 472 nm 处的发射峰）。当温度达到 1 000℃时，Eu^{3+} 的特征峰完全消失，发射光谱为 Eu^{2+}，这说明基质中的 Eu^{3+} 完全被还原为 Eu^{2+}。

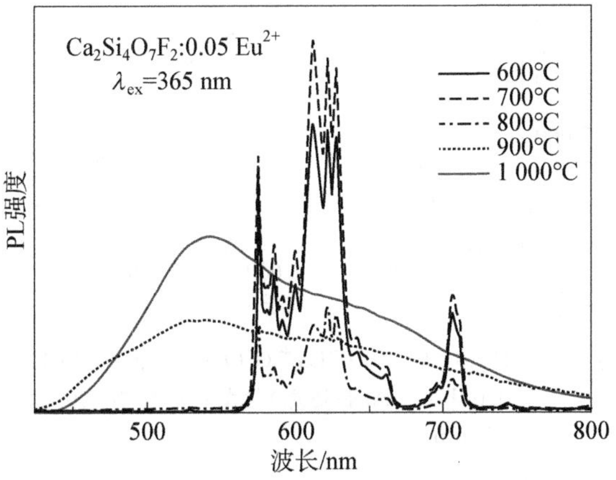

图 4-4　不同还原温度下（600～1 000℃）$Ca_2Si_4O_7F_2$：0.05Eu^{2+} 荧光粉的发射光谱（λ_{ex}＝365 nm）

4.3.5　不同还原气氛的发射光谱分析

图 4-5 所示为 $Ca_2Si_4O_7F_2$：0.05Eu^{2+} 荧光粉在 CO 气氛下还原的发射光谱（λ_{ex}＝385 nm）和 Al 粉还原的发射光谱（λ_{ex}＝365 nm）。将 $Ca_2Si_4O_7F_2$：0.05Eu^{2+} 荧光粉在 1 200℃下在空气中煅烧 8 h，得到前驱体，将样品均分为 2 份，分别进行 CO 还原 8 h 和 Al 还原 2 h，在各自最佳激发波长下激发得到如图 4-5 所示的发射光谱。从图中可以看出，Al 还原的荧光粉样品发光强度明显高于 CO 还原的样品，并且 Al 粉还原的 $Ca_2Si_4O_7F_2$：0.05Eu^{2+} 荧光粉的发射光谱更宽，接近于全光谱发射。这说明这种拓扑化学反应法还原方式不仅增加了发光中心 Eu^{3+} 的还原程度，而且对 $Ca_2Si_4O_7F_2$ 基质材料的局部空间进行了晶体场调控，我们推测，这是因为在强还原条件下，$Ca_2Si_4O_7F_2$ 基

质结构中失去少量的O原子，此时与Eu^{2+}接触的原子减少，降低了Eu^{2+}晶格振动而损失的能量。同时，O原子的减少使得晶格中原子间的距离增大，从而释放部分化学压力，晶体场局域环境得到规整，从而为Eu^{2+}提供更加理想的发光环境。

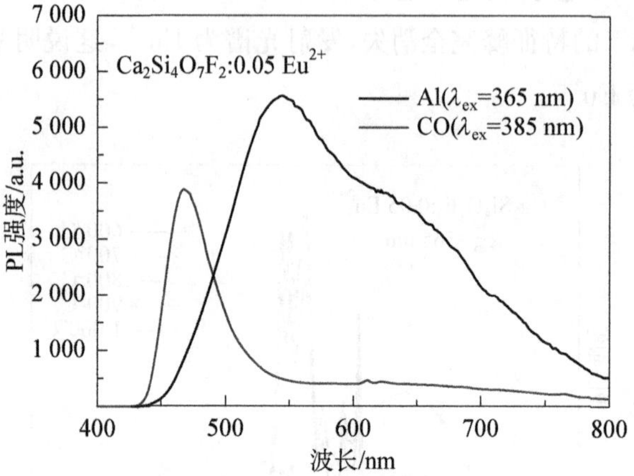

图 4-5 $Ca_2Si_4O_7F_2$:0.05Eu^{2+}（CO还原）和$Ca_2Si_4O_7F_2$:0.03Eu^{2+}（Al粉还原）荧光粉的发射光谱（λ_{ex}=365 nm）

4.3.6 X射线光电子能谱分析

图4-6(a)为不同还原时间下$Ca_2Si_4O_7F_2$:0.05Eu^{2+}荧光粉的O 1s壳层XPS图。通过对不同Al还原时间系列样品的X射线光电子能谱分析，O的1s壳层的峰值随着还原时间的增加，出现微小的低能量位移。这说明随着还原时间的增加，$Ca_2Si_4O_7F_2$基质材料中O原子所处的晶格环境发生轻微的变化。图4-6(b)为不同还原时间下$Ca_2Si_4O_7F_2$:0.05Eu^{2+}荧光粉的O 1s壳层XPS图，在531.28 eV附近出现的峰可以归结于氧空位附近的氧原子[114-117]，从图中可以看出，随着Al还原温度的升高，O峰的位置发生低能量偏移的同时峰的强度略有增加，这表明了氧空位数量的增加。这一结果印证了这种Al粉作为还原剂的拓扑化学反应法还原方式可以增加晶体结构局域部分氧空位。

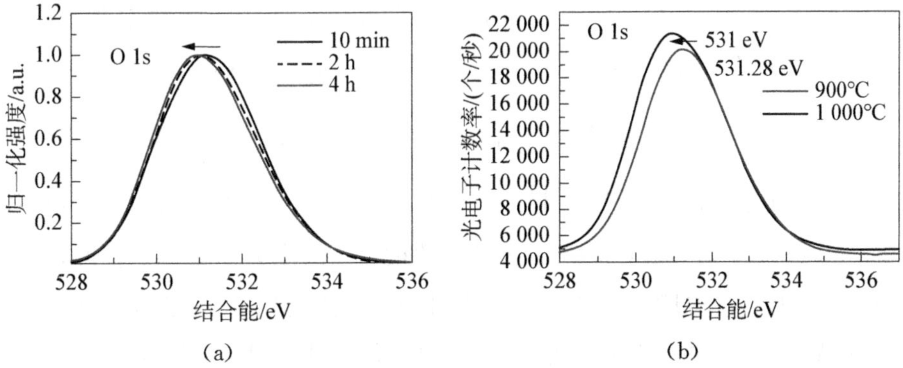

图 4-6　$Ca_2Si_4O_7F_2:0.05Eu^{2+}$ 荧光粉的 O 1s 壳层 XPS 图

(a) 不同还原时间下荧光粉的 O 1s 壳层 XPS 谱；(b) 不同还原温度下荧光粉的 O 1s 壳层 XPS 图

图 4-7 为不同还原气氛下 $Ca_2Si_4O_7F_2:0.05Eu^{2+}$ 荧光粉的 O 1s 壳层 XPS 图。从图中可以看出，Al 还原气氛下还原的样品在 531 eV 出现的由氧空位附近的氧原子引起的峰值比在 CO 气氛下还原样品的峰值高，这说明在 Al 还原条件下，样品更容易产生氧空位，可通过改变 Al 还原条件实现对氧空位的调控，进而实现光谱调控，制备出优良的荧光粉。

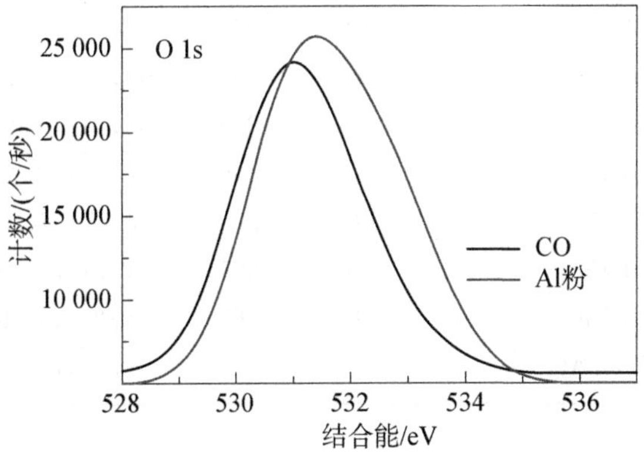

图 4-7　不同还原气氛下 $Ca_2Si_4O_7F_2:0.05Eu^{2+}$ 荧光粉的 O 1s 壳层 XPS 图

4.3.7　量子产率分析

根据 Moreno 描述的方法计算 $Ca_2Si_4O_7F_2:Eu^{2+}$ 荧光粉（$x=0.01\sim$

0.07)的量子产率。该方法通过测量发射的光子数(N_{em})与被样品吸收的光子数(N_{abs})之间的比率来计算,具体量子产率(η)的计算式如下[61]:

$$\eta = N_{em}/N_{abs} = \varphi_d - (1 - A_d)\varphi_i \quad (4-1)$$

式中,φ_d 为内量子产率;A_d 为样品吸光度;φ_i 为外量子产率。通过计算,制备的 $Ca_2Si_4O_7F_2:0.05Eu^{2+}$ 单相白光荧光粉的量子产率为 22.3%。同时,还可以通过调控还原温度、还原时间、优化组分以及控制粒度、粒度分布、颗粒形态和晶体缺陷来进一步提高量子产率。$Ca_2Si_4O_7F_2:xEu^{2+}$ 系列荧光粉的量子产率和色度坐标如表 4-1 所示。

表 4-1 $Ca_2Si_4O_7F_2:xEu^{2+}$ 系列荧光粉(λ_{ex} = 365 nm)的量子产率和色度坐标

编号	样 品	反应时间	激发波长/nm	色度坐标(x, y)	量子产率/%
1	CSOF:0.005Eu^{2+}	2 h	365	(0.243, 0.453)	13.6
2	CSOF:0.01Eu^{2+}	2 h	365	(0.261, 0.455)	15.4
3	CSOF:0.03Eu^{2+}	2h	365	(0.337, 0.504)	16.7
4	CSOF:0.05Eu^{2+}	2h	365	(0.312, 0.297)	22.3
5	CSOF:0.07Eu^{2+}	2h	365	(0.549, 0.413)	12.7
6	CSOF:0.05Eu^{2+}	10 min	365	(0.244, 0.300)	—
7	CSOF:0.05Eu^{2+}	20 min	365	(0.212, 0.203)	—
8	CSOF:0.05Eu^{2+}	30 min	365	(0.231, 0.286)	—
9	CSOF:0.05Eu^{2+}	1 h	365	(0.286, 0. 342)	—
10	CSOF:0.05Eu^{2+}	2 h	365	(0.274, 0.288)	
11	CSOF:0.05Eu^{2+}	4 h	365	(0.278, 0.404)	—
W	白光 LED ($YAG:Ce^{3+}$)	—	—	(0.314, 0.348)	—

4.3.8 色度坐标分析

图 4-8 所示为不同还原时间下 $Ca_2Si_4O_7F_2:0.05Eu^{2+}$ 荧光粉的色度坐标。$Ca_2Si_4O_7F_2:0.05Eu^{2+}$ 荧光粉的色度坐标通过 1931-CIE 色度坐标软件计算。如图 4-8 所示,$Ca_2Si_4O_7F_2:0.05Eu^{2+}$ 荧光粉的色度坐标随还原时间的增加而移动,这是因为经过 Al 粉的还原,基质材料晶体结构发生变化,发

射光谱的强度和位置发生移动，色度坐标也随之变化，并且其与不同还原时间下发射光谱的形状相对应。表 4－1 列出了不同 Al 粉还原时间下 CSOF:0.05Eu^{2+} 荧光粉的色度坐标。从图 4－8 中可以看出，当还原时间为 2 h 时，得到色度坐标为(0.274, 0.288)的单相白光荧光粉。将该荧光粉封装成 LED 器件，在 365 nm 的激发源下进行点亮测试，得其显色指数为 72。图 4－8 中的插图为将 LED 器件点亮前后的照片。在本实验中，该荧光粉封装的 LED 器件的显色指数较低，因此该实验还需要进一步优化。

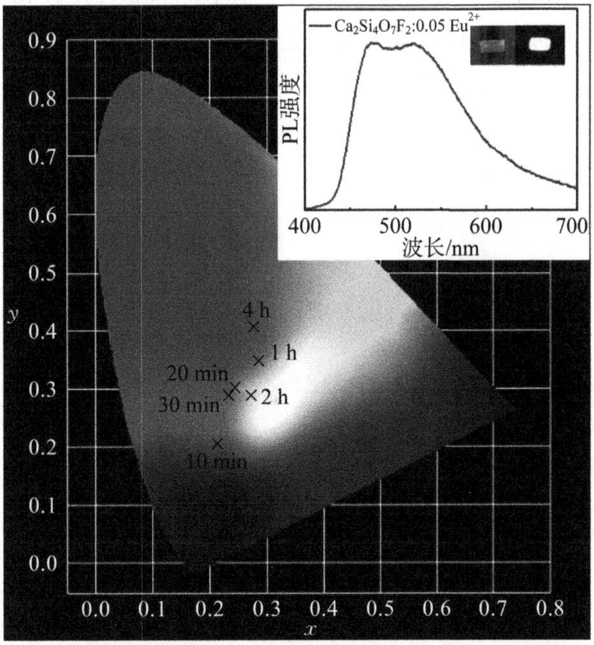

图 4－8　不同还原时间下 CSOF:0.05Eu^{2+} 荧光粉的 CIE 色度坐标（彩图见附录）

4.4 本章小结

在本实验中，我们将 Al 粉作为还原剂采用拓扑化学反应法制备了 $Ca_2Si_4O_7F_2$:0.05Eu^{2+} 单相白光荧光粉。得到如下结论：

(1) $Ca_2Si_4O_7F_2$:0.05Eu^{2+} 荧光粉在 365 nm 的激发源下，得到色度坐标

为(0.274, 0.288)的单相白光发射。当还原时间为 2 h,还原温度为 1 000℃时,得到 400～700 nm 的宽光谱发射。

(2) 在 CO 和 Al 粉还原氛围中,相同还原时间下,Al 粉作为还原剂的拓扑化学反应法还原的荧光粉发光强度是 CO 氛围下还原强度的 1.5 倍,且还原光谱的半峰宽是 CO 氛围下的 3.5 倍。

(3) 通过对 X 射线光电子能谱分析,发现随着还原时间的增加,$Ca_2Si_4O_7F_2$ 基质材料中 O 原子所处的晶格环境发生轻微的变化,同时随着 Al 还原温度升高,氧空位数量增加。这一结果说明这种拓扑化学反应法还原方式可以增加晶体结构局域部分氧空位,进而对荧光粉进行光谱调控。

第5章 基于拓扑化学反应原理调制的 $Na_5Y_4(SiO_4)_4F$: Eu^{2+}/Eu^{3+} 荧光粉

第一个白光发光二极管是由蓝光 LED 芯片和 YAG:Ce 黄色荧光粉组合而成的，这是商业生产中最常用的方法。但是，YAG:Ce 黄色荧光粉存在着显色指数差、色温稳定性差等缺点。此外，通过这种方式得到的白光发光二极管的发光颜色会随着驱动电压和荧光粉涂层厚度的变化而变化，因此很难制备出性能稳定的白光发光二极管。

5.1 基本理论

为了优化白色和彩色荧光粉的显色性能，当前制作的焦点逐渐从基于 YAG:Ce 的荧光粉转移到由紫外/近紫外 LED 芯片激发的三原色荧光粉。由于人眼对紫外/近紫外线不敏感，因此由白光紫外 LED 获得的颜色仅取决于荧光粉。随着紫外 LED 激发无机荧光粉的发展，一种具有红（$CaAlSiN_3$:Eu^{2+}）、绿[$(Ba,Sr)_2SiO_4$:Eu^{2+}]和蓝（Ca_2PO_4Cl:Eu^{2+}）三种不同相的近紫外 LED 芯片涂层的 Ra 值相对较高，达到 93.4，其用于普通照明时有望成为价格竞争的对象。然而，利用紫外发光二极管芯片和三色荧光粉制备的白光发光二极管，目前仍存在一些无法克服的问题。一般来说，由于红、绿荧光粉对蓝光的强再吸收，该体系的发光效率相对较低，并且具有多个发光元件的白光发光二极管由于器件非常复杂，很难控制色彩平衡。使用发光效率高、显色指数好的单相白光发射荧光粉，可以避免上述大部分问题。与 YAG:Ce 荧光粉包覆的蓝光芯片相比，具有发射白光可调的单组分荧光粉具有较高的显色指数（color render index，CRI）、相关色温（correlated color temperature，CCT）、纯 CIE 色度坐标等优点。同时，发展单相白光发射材料可以有效地解决三原色荧光粉存在的重吸收问题。

5.2 荧光粉的制备

传统的高温固相反应法所用的药品是相应元素的碳酸盐、氧化物或者氟化物，分别是 Na_2CO_3、Y_2O_3、SiO_2、NaF 和 Eu_2O_3。

5.2.1 合成前驱体 NYSF:0.01Eu^{3+} 荧光粉

首先，按照化学计量比计算并准确称取各个组分的药品，一起置于玛瑙研钵中充分研磨。其次，将研磨均匀的原料转移至干净的氧化铝坩埚中，用马弗炉加热，反应条件为 1050℃，在空气气氛下加热 8 h。最后冷却至室温，取出，研磨均匀，得到最终产品。

5.2.2 拓扑化学反应还原前驱体 NYSF:0.01Eu^{3+} 荧光粉

通过 Al 还原反应，选择 Al 粉作为还原剂，分别称取前驱体 NYSF:0.01Eu^{3+} 荧光粉 1.0 g，Al 粉 0.3 g，将前驱体荧光粉和 Al 粉分别放入直径为 27 mm、高度为 18 mm 的氧化铝坩埚中，使粉体均匀平铺在坩埚底部，然后将坩埚置于高温真空气氛管式炉中。用真空泵抽真空使压强保持在－0.1 MPa。选择在不同的反应温度下加热一定时间，得到还原程度不同的样品。

5.2.3 CO 还原前驱体 NYSF:0.01Eu^{3+} 荧光粉

采用传统的高温固相还原反应法，选择碳粉作为还原剂，称取前驱体 NYSF:0.01Eu^{3+} 荧光粉 1.0 g，放入直径为 27 mm、高度为 18 mm 的氧化铝坩埚中，使粉体均匀平铺在坩埚底部，盖上坩埚盖，采用透明胶带密封，将坩埚置于 1000 mL 圆柱形氧化铝坩埚中，埋入一定量的碳粉中，然后置于高温管式炉中。反应温度为 700～800℃，加热 8 h，最后冷却至室温，取出研磨均匀，得到最终样品。

5.3 实验结果与讨论

本部分内容主要讨论了 $Na_5Y_4(SiO_4)_4F:Eu^{2+}/Eu^{3+}$ 的物相结构、发光特性，并且分别研究了不同还原温度、还原时间和还原气氛对荧光粉发光的影响。

5.3.1 物相结构分析

采用 X 射线衍射光谱表征样品的晶体结构，固定反应时间为 8 h，控制拓扑化学反应还原温度分别为 500℃、600℃、700℃、800℃、900℃和 1 000℃。我们得到了样品在不同反应温度下的 X 射线衍射光谱[见图 5－1(a)]。反应温度条件为 1 000℃时，样品的主衍射峰均与 $NaYSiO_4$ 标准卡片(JCPDS＃30－1264)相对应，为 $NaYSiO_4$ 相。反应温度条件为 900℃时出现了明显的复合相[$Na_5Y_4(SiO_4)_4F$ 和 $NaYSiO_4$]。反应温度条件为 500～800℃时的样品主衍射峰都与 $Na_5Y_4(SiO_4)_4F$ 标准卡片(JCPDS＃72－2471)相对应，同时逐渐出现了 $NaYSiO_4$ 相的部分衍射峰。

图 5－1(b)所示是固定反应温度为 1 000℃，控制拓扑化学反应还原时间分别为 0 h、0.5 h、1 h、4 h 和 8 h 得到的样品的 XRD 光谱，通过与 $Na_5Y_4(SiO_4)_4F$

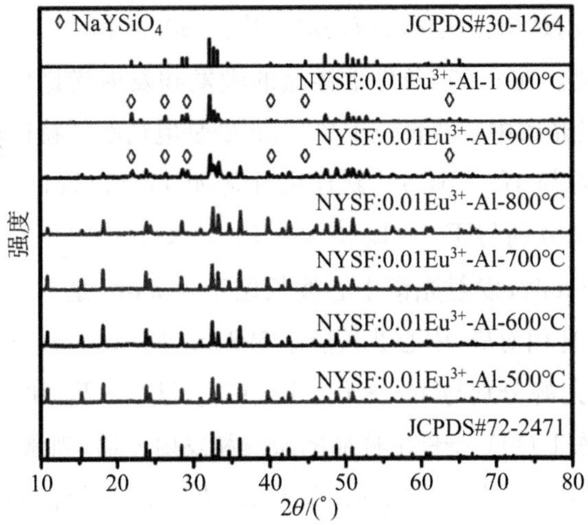

(a)

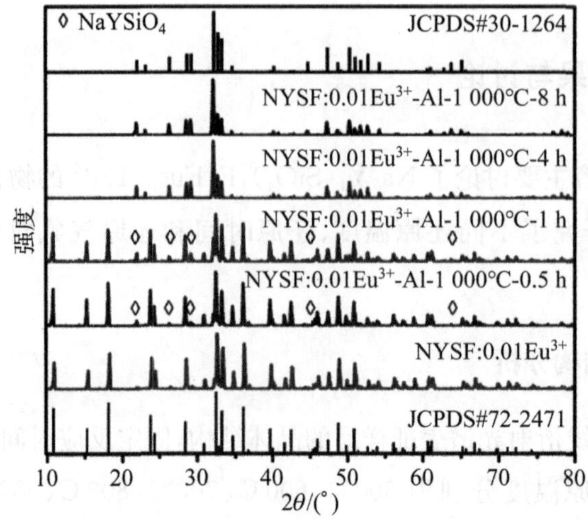

(b)

图 5-1 样品在不同还原温度和时间下的 X 射线衍射光谱

(a) 样品 NYSF:0.01Eu^{3+} 在拓扑化学反应还原温度为 500～1 000℃时的 X 射线衍射光谱；(b)样品 NYSF:0.01Eu^{3+} 在拓扑化学反应还原时间为 0～8 h 的 X 射线衍射光谱

标准卡片(JCPDS＃72－2471)和 $NaYSiO_4$ 标准卡片(JCPDS＃30－1264)对比，发现随着拓扑化学反应还原时间的增加，在 NYSF 基质中，逐渐出现了 $NaYSiO_4$ 相，当反应时间为 4 h 时，样品为 $NaYSiO_4$ 相。

5.3.2 样品的激发和发射光谱

图 5－2 所示是拓扑化学反应还原温度为 900℃和 1 000℃条件下样品的激发和发射光谱。在 900℃条件下样品的激发和发射光谱中，当发射波长为 475 nm 时，激发光谱中心波长位于 282 nm 处是电荷跃迁特征峰，375 nm 处是 Eu^{2+} 特征激发峰与 $4f^7 \rightarrow 4f^6 5d^1$ 跃迁相对应，404 nm、424 nm 和 461 nm 都是 Eu^{3+} 特征激发峰分别与 ${}^7F_0 \rightarrow {}^5L_6$、${}^7F_0 \rightarrow {}^5D_3$ 以及 ${}^7F_0 \rightarrow {}^5D_2$ 跃迁相对应；当激发波长为 375 nm 时，发射光谱中心波长位于 475 nm 是 Eu^{2+} 特征发射峰与 $4f^6 5d^1 \rightarrow 4f^7$ 跃迁相对应，中心波长位于 592 nm、616 nm、657 nm 和 704 nm 处是 Eu^{3+} 特征发射峰分别与 ${}^5D_0 \rightarrow {}^7F_1$、${}^5D_0 \rightarrow {}^7F_2$、${}^5D_0 \rightarrow {}^7F_3$ 和 ${}^5D_0 \rightarrow {}^7F_4$ 跃迁相对应。通过观察 1000℃条件下样品的激发和发射光谱，当激发波长为 505 nm 时，激发光谱中心波长位于 335 nm、365 nm 处为 Eu^{2+} 特征激发峰；激发波长位于 365 nm 时，发射光谱中心波长位于 505 nm 是 Eu^{2+} 特征发射峰，中心波

长位于 616 nm、657 nm 和 704 nm 处是 Eu^{3+} 特征发射峰分别与 $^5D_0\rightarrow{}^7F_2$、$^5D_0\rightarrow{}^7F_3$ 和 $^5D_0\rightarrow{}^7F_4$ 跃迁相对应。

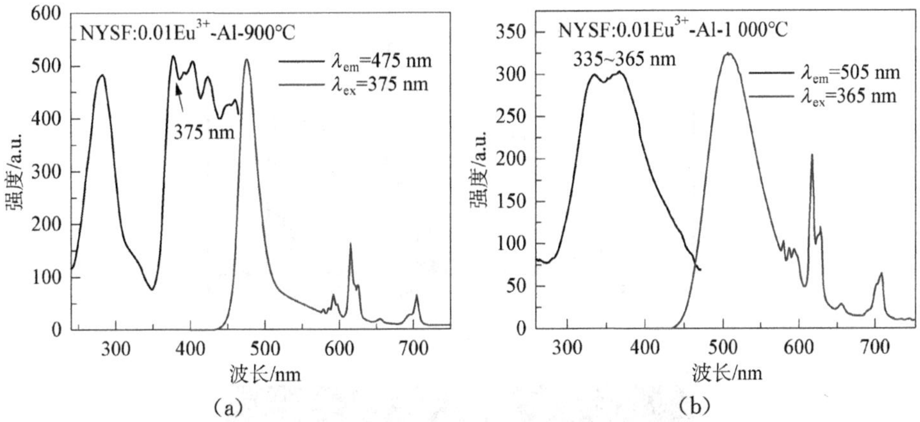

图 5-2　样品在不同还原温度下的激发和发射光谱

(a) NYSF：0.01Eu^{3+} 在拓扑化学反应还原温度为 900℃条件下的激发和发射光谱；(b) NYSF：0.01Eu^{3+} 在拓扑化学反应还原温度为 1 000℃条件下的激发和发射光谱

5.3.3　反应温度优化

固定反应时间为 8 h，对拓扑化学反应还原温度条件为 500～1 000℃的样品和未还原的样品进行荧光光谱测试，测试结果如下。

1）激发波长为 375 nm，样品的发射光谱和色度坐标

根据拓扑化学反应还原温度为 900℃下的激发和发射光谱[见图 5-2(a)]，选择激发波长为 375 nm，我们测试了拓扑化学反应还原温度在 500～1 000℃下样品的发射光谱。样品的发射光谱如图 5-3(a)所示，所有样品中的 Eu^{3+} 均能够不同程度地还原为 Eu^{2+}，在光谱上体现为 Eu^{3+} 的特征发射峰(λ_{em} = 616 nm)发光强度随反应温度的升高而降低。同时，Eu^{2+} 的特征发射峰(λ_{em} = 475 nm)发光强度随反应温度的升高，先升高后降低。当反应温度为 900℃时，Eu^{2+} 的发光强度达到最强；当反应温度为 1 000℃，样品为 $NaYSiO_4$ 纯相，中心波长在 475 nm 处，为 Eu^{2+} 的 $4f^65d^1\rightarrow 4f^7$ 跃迁。同时，我们对所有样品的发射光谱进行色度坐标的计算[见表 5-1 和图 5-3(b)]，结果显示，随着温度的升高，色度坐标由红色(0.652，0.339)向浅蓝色(0.216，0.264)移动，最后到达黄绿色(0.338，0.472)。

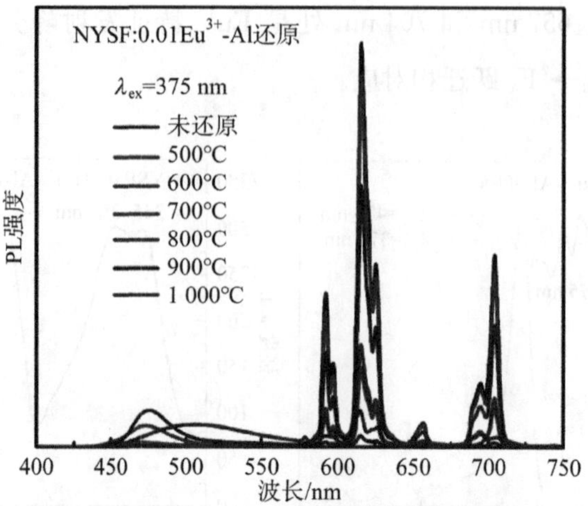

(a)

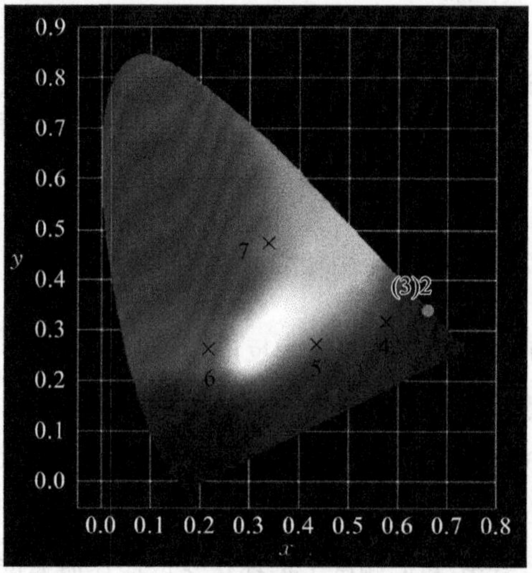

(b)

图 5-3 激发波长为 375 nm 下样品的发射光谱和色度坐标(彩图见附录)

(a) NYSF:0.01Eu^{2+}/Eu^{3+}的发射光谱;(b) 色度坐标[1—未还原(●);2—500℃(×);3—600℃(×);4—700℃(×);5—800℃(×);6—900℃(×);7—1 000℃(×)]

表 5-1 不同反应温度下 NYSF:0.01Eu^{2+}/Eu^{3+}发射光谱的 CIE(x, y)

编号	样品及反应温度	λ_{ex}/nm	CIE(x, y)
1	NYSF:0.01Eu^{3+}	335	(0.586, 0.354)
		365	(0.621, 0.342)
		375	(0.652, 0.339)

（续表）

编号	样品及反应温度	λ_{ex}/nm	CIE(x, y)
2	NYSF:0.01Eu^{3+} - Al - 8h - 500℃	335	(0.579, 0.352)
		365	(0.619, 0.338)
		375	(0.649, 0.340)
3	NYSF:0.01Eu^{3+} - Al - 8h - 600℃	335	(0.573, 0.350)
		365	(0.624, 0.339)
		375	(0.650, 0.339)
4	NYSF:0.01Eu^{3+} - Al - 8h - 700℃	335	(0.395, 0.286)
		365	(0.478, 0.294)
		375	(0.576, 0.318)
5	NYSF:0.01Eu^{3+} - Al - 8h - 800℃	335	(0.309, 0.276)
		365	(0.340, 0.251)
		375	(0.432, 0.272)
6	NYSF:0.01Eu^{3+} - Al - 8h - 900℃	335	(0.350, 0.409)
		365	(0.224, 0.304)
		375	(0.216, 0.264)
7	NYSF:0.01Eu^{3+} - Al - 8h - 1 000℃	335	(0.366, 0.454)
		365	(0.278, 0.500)
		375	(0.338, 0.472)

2) 激发波长为 335 nm，样品的发射光谱和色度坐标

我们测试了拓扑化学反应还原温度在 500～1 000℃下样品的发射光谱，如图 5 - 4(a)所示。通过观察样品的发射光谱，发现所有样品中的 Eu^{3+} 均能够不同程度地还原为 Eu^{2+}。在光谱上体现为 Eu^{3+} 的特征发射峰(λ_{em} = 616 nm)发光强度随反应温度的升高而降低；同时，Eu^{2+} 的特征发射峰(λ_{em} = 475 nm)发光强度随反应温度的升高，先升高后降低，在反应温度为 900℃时，发光强度达到最强。对所有样品的发射光谱进行色度坐标计算的结果如图 5 - 4(b)所示，结果显示，随着温度的升高，色度坐标由红色(0.586，0.354)向白色(0.309，0.276)移动，最后到达酸橙色(0.366，0.454)。在反应温度为 700℃和 800℃实现了白光发射，色度坐标分别为(0.395，0.286)和(0.309，0.276)。图 5 - 4(b)中的插图为反应温度为 700℃和 800℃时白光样品的发射光谱。

3) 激发波长为 365 nm，样品的发射光谱和色度坐标

根据图 5 - 2(b)拓扑化学反应还原温度为 1 000℃下的激发和发射光谱，选择 Eu^{2+} 的激发波长为 365 nm，测试了拓扑化学反应还原温度在 500～1 000℃下样品的发射光谱[见图 5 - 5(a)]。通过观察样品的发射光谱，所有

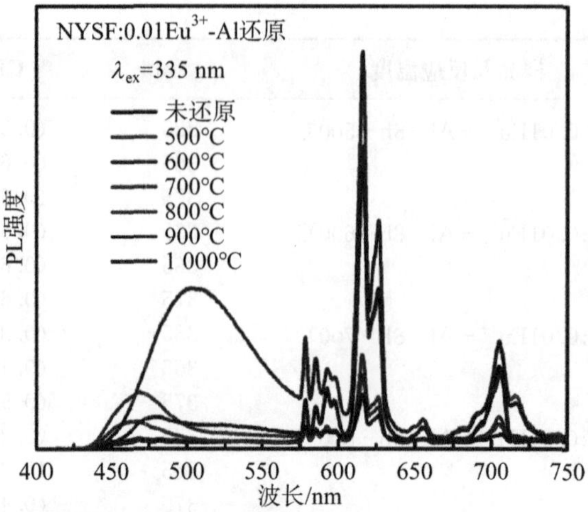

(a)

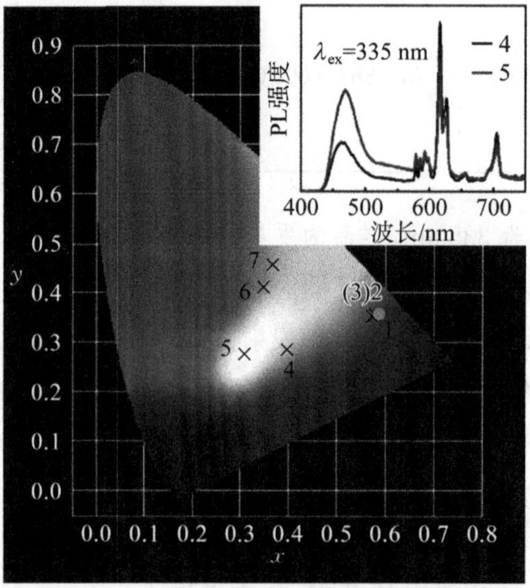

(b)

图 5-4　激发波长为 375 nm 下样品的发射光谱和色度坐标(彩图见附录)

(a) NYSF:0.01Eu^{2+}/Eu^{3+} 的发射光谱；(b) 色度坐标[1—未还原(●)；2—500℃(×)；3—600℃(×)；4—700℃(×)；5—800℃(×)；6—900℃(×)；7—1 000℃(×)]

样品中的 Eu^{3+} 均能够不同程度地还原为 Eu^{2+}，在光谱上体现为 Eu^{3+} 的特征发射峰(λ_{em} = 616 nm)发光强度随反应温度的升高而降低；同时，Eu^{2+} 的特征发射峰发光强度随反应温度的升高而增加。同时，我们对所有样品的发射光谱进行色度坐标的计算，显示样品随着温度的升高，色度坐标由红色(0.621,

0. 342)向鲜绿色(0. 224,0. 304)移动,最后到达绿色(0. 278,0. 500),在反应温度为 800℃时实现了白光发射(0. 340,0. 251)。图 5-5(b)中的插图为反应温度为 800℃时白光样品的发射光谱。

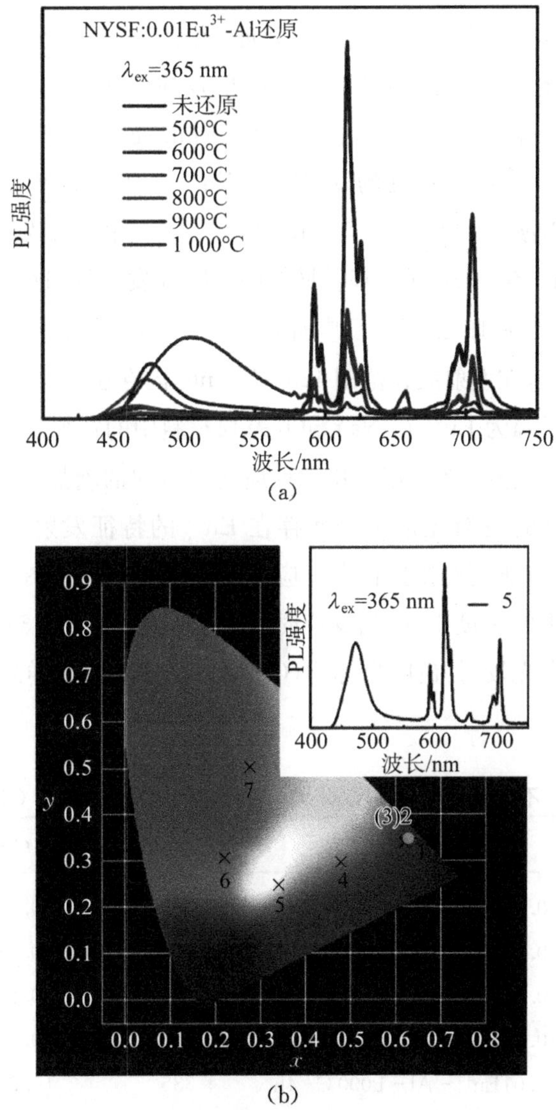

图 5-5　激发波长为 365 nm 下样品的发射光谱和色度坐标(彩图见附录)

(a) NYSF:0. 01Eu^{2+}/Eu^{3+}的发射光谱;(b) 色度坐标[1—未还原(●);2—500℃(×);3—600℃(×);4—700℃(×);5—800℃(×);6—900℃(×);7—1 000℃(×)]

5.3.4 反应时间优化

图 5-6 所示是近紫外激发波长为 335 nm 时，NYSF:0.01Eu^{2+}/Eu^{3+}的发射光谱和色度坐标。固定反应温度为 1 000℃，将样品 $Na_5Y_4(SiO_4)_4F$:0.01Eu^{3+}使用拓扑化学反应进行还原处理，控制反应时间分别为 0 h、0.5 h、1 h、2 h、4 h、6 h 和 8 h。由图 5-6(a)可知，反应时间为 0.5～2 h，还原后的样品与未还原的样品相比，在中心波长为 475 nm 处，有一个宽带发射峰，通过之前的研究与讨论，此位置处的发射峰为 Eu^{2+} 在 NYSF 基质中的特征发射峰；同时，在发射波长范围 517～574 nm 内存在一个较宽的发射带，此位置处的发射峰为 Eu^{2+} 在 $NaYSiO_4$ 基质材料中的特征发射峰，这两个发射峰都对应 Eu^{2+} 的 $4f^65d^1 \rightarrow 4f^7$ 跃迁。反应时间为 4～8 h，还原后样品的发射光谱与未还原样品对比，在发射波长范围 425～574 nm 内存在一个特别宽的发射带，此位置处的发射峰为 Eu^{2+} 在 $NaYSiO_4$ 基质材料中的特征发射峰，对应 Eu^{2+} 的 $4f^65d^1 \rightarrow 4f^7$ 跃迁。随着拓扑化学反应还原时间的增加，Eu^{3+} 不能完全还原为 Eu^{2+}，样品的发射光谱中仍然存在 Eu^{3+} 的特征发射峰。这也证明了 Eu^{2+} 和 Eu^{3+} 共存于所有拓扑化学反应处理后的样品中。图 5-6(b)所示是不同反应时间下的色度坐标，当反应时间为 2 h 时，样品在 335 nm 近紫外波长激发下实现白光发射，色度坐标为(0.343，0.319)，其他样品的色度坐标列于表 5-2 中。

表 5-2 不同反应时间下 NYSF:0.01Eu^{2+}/Eu^{3+} 发射光谱的 CIE(x，y)

样品	反 应 时 间	λ_{ex}/nm	CIE(x，y)
1	NYSF:0.01Eu^{3+}	335	(0.544，0.360)
2	NYSF:0.01Eu^{3+}-Al-1 000℃-0.5h	335	(0.273，0.320)
3	NYSF:0.01Eu^{3+}-Al-1 000℃-1h	335	(0.255，0.302)
4	NYSF:0.01Eu^{3+}-Al-1 000℃-2h	335	(0.343，0.319)
5	NYSF:0.01Eu^{3+}-Al-1 000℃-4h	335	(0.340，0.444)
6	NYSF:0.01Eu^{3+}-Al-1 000℃-6h	335	(0.343，0.444)
7	NYSF:0.01Eu^{3+}-Al-1 000℃-8h	335	(0.317，0.438)

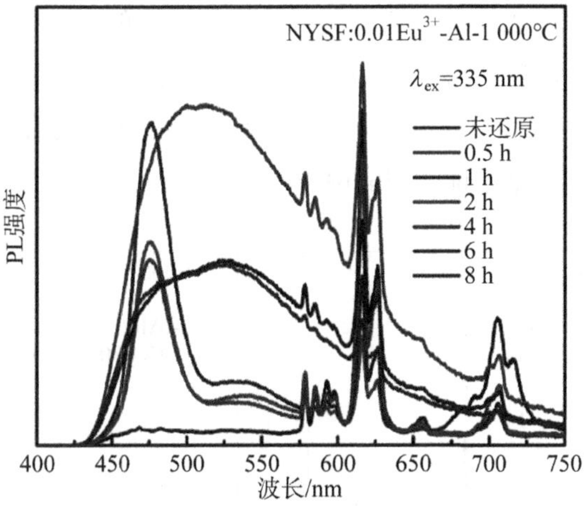

(a)

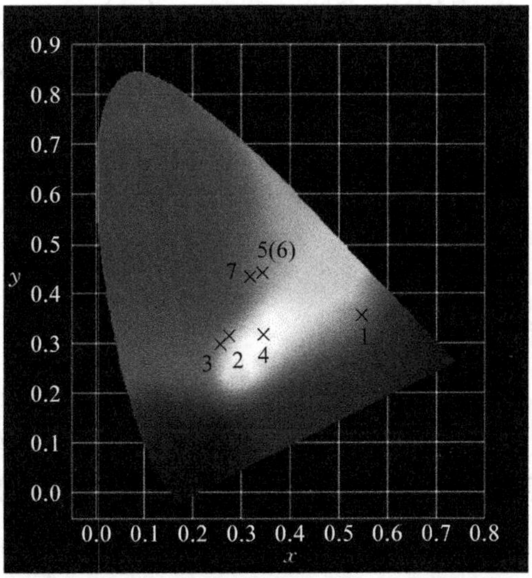

(b)

图 5-6　激发波长为 335 nm 下样品的发射光谱和色度坐标(彩图见附录)

(a) NYSF:0.01Eu^{2+}/Eu^{3+}的发射光谱;(b) 色度坐标(1—未还原;2—0.5 h;3—1 h;4—2 h;5—4 h;6—6 h;7—8 h)

5.3.5　与 CO 还原样品对比

图 5-7 是在近紫外激发波长为 365 nm 的条件下,NYSF:0.01Eu^{3+} 在拓扑化学还原和 CO 还原气氛下的发射光谱对比图。根据 5.3.3 节中反应温度的优化,当激发波长为 365 nm 和 335 nm 时,样品在反应温度为 700℃和

800℃时均能实现白光发射。通过与 CO 气氛还原的对比实验，我们发现，固定反应时间为 8 h，当反应温度为 700℃时，拓扑化学反应的还原效果是 CO 还原效果的 3.09 倍，而在反应温度为 800℃时，拓扑化学反应的还原效果是 CO 还原效果的 6.56 倍。结果证明，拓扑化学反应是一种反应高效的还原方法。

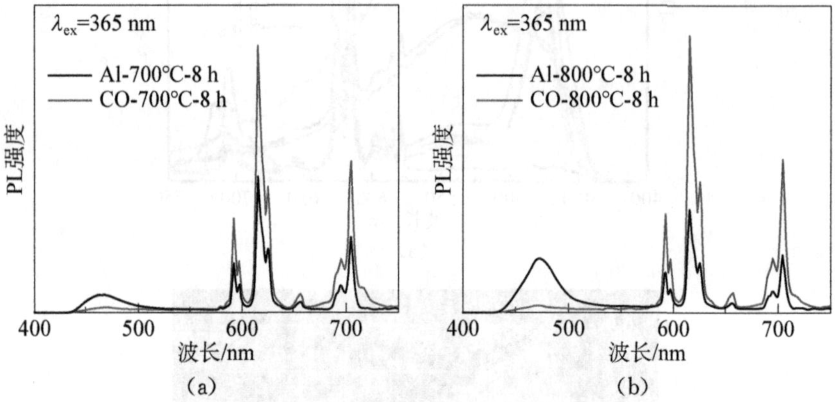

图 5-7 Al 还原与 CO 还原效果对比

(a) 反应温度为 700℃；(b) 反应温度为 800℃

5.4 本章小结

我们采用拓扑化学反应法对 NYSF:0.01Eu^{3+} 进行了反应温度和反应时间的调控，并对其晶体结构和发光性能进行了研究，得到如下结论：

(1) 随着拓扑化学反应还原温度的升高，$Na_5Y_4(SiO_4)_4F$ 中的 F^- 逐渐被剥夺，产生 $NaYSiO_4$ 的衍射峰。在反应温度为 900℃时，出现了明显的复合相 $Na_5Y_4(SiO_4)_4F$ 和 $NaYSiO_4$；在反应温度为 1000℃时，样品为 $NaYSiO_4$ 相。

(2) 基于温度调控和时间调控，我们所制备的荧光粉在用 365 nm 和 335 nm 激发下，都实现了白光发射。

(3) 与 CO 气氛还原在相同条件下比较发现，拓扑化学反应的还原效果远远优于 CO 气氛还原，是一种反应高效的还原方法。

所有的结果表明，通过拓扑化学反应得到的 NYSF:0.01Eu^{2+}/Eu^{3+} 在 UV-WLEDs 领域是一种非常有应用前景的材料。

第6章 基于拓扑化学反应原理调制的铋掺杂 Lu_2O_3 发光材料

使用掺杂剂是控制发光材料的光物理性质和化学性质的普遍方法，并且是其在光子和光电子器件中广泛应用的基础。在各种掺杂方案中，等价杂质取代宿主阳离子是一种常规的方法。当掺杂剂与主体阳离子之间存在尺寸不匹配时，就不可避免地引起化学压力。

6.1 基本理论

化学压力在影响外来掺杂的荧光粉或激光晶体的光物理性质中起着重要的作用，因此激发了巨大的努力来开发可行的策略以使其弛豫，从而使不受期望的不利影响[如低发射量子产率(QE)以及低的发光亮度]最小化。我们知道，其中一种最有效的方式是依赖组成取代，其通常会导致发射能量移动，这是因为活化剂的局部环境被大大地修改了。通过替代掺杂剂来弛豫材料中的化学压力，可同时获得保存良好的光谱形状、高 QE 和高亮度的发光。这是用于诸如照明和激光器的广泛功能应用的先决条件，但这目前仍然是一个重大的挑战。

使用外部刺激控制各种功能的能力是当前材料研究和设备应用的核心。在各种刺激中，开发氧阴离子缺陷以产生可控制的新结构和功能性质已获得了极大的关注。先前的工作已经证明：以良好控制的方式在氧化物中产生氧空位，可以使得其在磁性、催化和电子性质方面有着较大的变化。最近，这种策略也应用于发光系统的发射特性的操纵，导致在非常规的框架中出现新的发射中心[118-120]。然而，这些工作局限于在晶格中产生大量的氧空位。据我们所知，在荧光粉中产生一些这样的缺陷，旨在显著增强光致发光(PL)，却没有得到研究者的广泛关注。

在这里，我们证实了可以通过形成微小量的氧空位来释放材料中存在的化学压力，导致结构保守的拓扑相发生转变，从不良的发光前驱体到高发光亮度的还原相，而且没有改变整体的光谱形状。我们首次使用 Bi^{3+} 掺杂的 Lu_2O_3(以下简称 Lu_2O_3:Bi)作为模型来提出并解释这个概念。这是考虑到 Bi^{3+} 与 Lu^{3+} 之间显著的尺寸不匹配(六配位 Bi^{3+} 和 Lu^{3+} 的离子半径分别为 1.03 Å 和 0.86 Å)会产生大的化学压力。此外，Bi^{3+} 可以用作化学压力优异的传感器，这是因为其具有 $6s^2$ 孤电子对的立体活性和发光活性。

因此，通过使用 CaH_2 作为还原剂，在不同的温度和时间下热处理 Lu_2O_3:Bi 等材料，系统地引入氧缺陷浓度，以此来研究材料中光学性质的变化，并提出化学压力释放的观点。

6.2 荧光粉的制备

将 $Lu(NO_3)_3 \cdot 6H_2O$ 和 $Bi(NO_3)_3 \cdot 5H_2O$ 按照化学计量比，在剧烈搅拌下溶解于具有稀硝酸的热去离子水中。向所得透明溶液中加入少量过氧化氢。此后，再向硝酸盐溶液中加入超过所需量 50% 的草酸形成草酸盐沉淀，以便沉淀所有 Lu^{3+} 和 Bi^{3+}。然后使用蒸馏水和无水乙醇将所得沉淀洗涤数次，并在 110℃的真空烘箱中干燥 12 h。紧接着在马弗炉中于 1 350℃煅烧 4.5 h，以获得最终的白色粉末样品 $(Lu_{1.99}Bi_{0.01})O_3$。我们以相同的方法制备了 $(Sc_{1.99}Bi_{0.01})O_3$ 和 $(Lu_{1.99}Pr_{0.01})O_3$ 粉末样品。

通过以下步骤处理 Bi 掺杂的 Lu_2O_3(简称前驱体)：① 在 450℃的温度下，在空气气氛中退火 48 h，样品表示为 Air-450℃；② 在密封、抽空的 Pyrex 管中，在 300～450℃的温度下，用 2 mol 当量的 CaH_2(Aladdin，98.5%)与前驱体接触 48 h；③用 0.3mol / L NH_4Cl 甲醇溶液在 N_2 中洗涤、离心样品，以除去残留的 CaH_2 和副产物 CaO，最后在 110℃的真空烘箱中干燥。样品表示为 Ca-T，其中 T 表示处理温度(℃)。同样，Bi 掺杂的 Sc_2O_3 和 Pr 掺杂

Lu_2O_3 的样品在相同的程序、不同的反应温度下处理 12 h，样品以相同的命名方式表示。

6.3 实验结果与讨论

本节内容主要讨论了铋掺杂 Lu_2O_3 的物相结构和发光特性，并讨论了其光学性质，对理论进行了计算和模拟。

6.3.1 物相结构分析

图 6 - 1(a)所示为 Lu_2O_3:0.5%Bi 在不同处理条件下得到样品的 XRD 测试图谱。从图中可以看出，前驱体样品、还原处理样品与标准卡片基本一致，主要的衍射峰 20.9°、29.7°、32.2°、34.5°、49.6°、58.9°分别对应(211)、(222)、(321)、(400)、(440)和(622)晶面。

图 6 - 1(b)为 Sc_2O_3:0.5%Bi 在不同处理条件下得到样品的 XRD 测试图谱。从图中可以看出，前驱体样品和处理样品表现出一致的图谱，主要的衍射峰 22.1°、31.5°、36.5°、43.1°、52.5°、64.1°分别对应着(211)、(222)、(400)、(332)、(440)和(136)晶面。

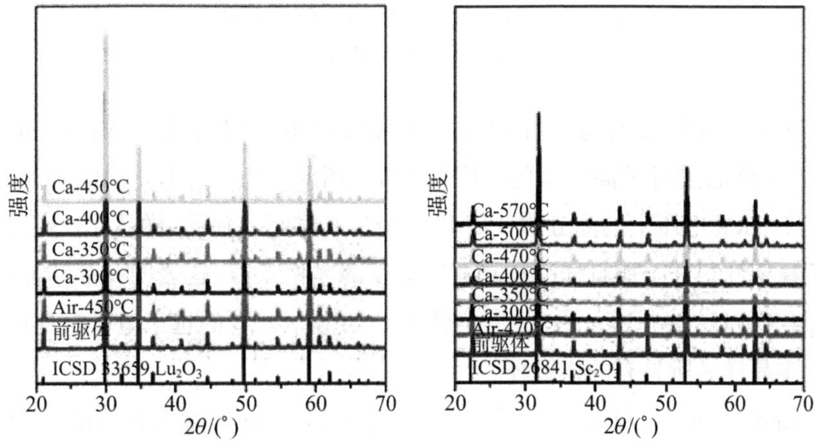

(a)　　(b)

图 6 - 1　Lu_2O_3:Bi 和 Sc_2O_3:Bi 在不同处理条件下的样品的 XRD 光谱

(a) Lu_2O_3:0.5%Bi；(b) Sc_2O_3:0.5%Bi

以上所得 $Lu_{1.99}Bi_{0.01}O_{3-x}$ 和 $Sc_{1.99}Bi_{0.01}O_{3-x}$ 样品的衍射峰均与立方相 Lu_2O_3(ICSD 33659)和 Sc_2O_3(ICSD 26841)相符合，表明成功地合成了目标产物，而且氧缺陷并未对原有晶型结构造成破坏，衍射峰中未发现其他的杂峰，说明所有样品均具有很好的纯度和结晶性。

6.3.2 微观结构分析

图 6-2 是 Lu_2O_3:0.5%Bi 和 Sc_2O_3:0.5%Bi 经过 1350℃煅烧后得到的 SEM 图。从微观结构上来看，两种微粒的平均尺寸分别为 300 nm 和 400 nm，均具有纳米不规则的球形形状，纳米球间紧密连接。

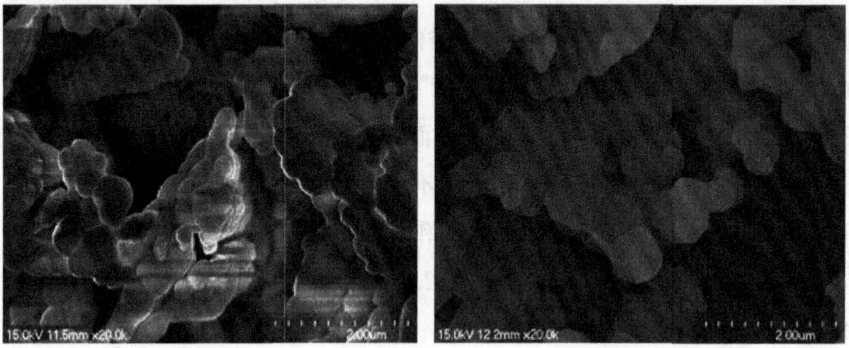

(a) (b)

图 6-2 Lu_2O_3:Bi 和 Sc_2O_3:Bi 的 SEM 图
(a) Lu_2O_3:0.5%Bi；(b) Sc_2O_3:0.5%Bi

为了研究样品的稳定性和微粒上元素分布的均匀性，我们对 Lu_2O_3:0.5%Bi 样品进行了高倍率的 TEM 分析。图 6-3(a)为 $Lu_{1.99}Bi_{0.01}O_{3-x}$ 样品在 200 kV 电压下的高分辨 TEM 图，经过长时间的辐照，样品无任何变化，说明稳定性很好。而且样品还具有很规整的晶格条纹，这表明样品结晶性很高，与 XRD 结果一致。图 6-3(b)为 $Lu_{1.99}Bi_{0.01}O_{3-x}$ 的选区电子衍射图，表现了多晶样品所具有的衍射环。

图 6-4(a)～(f)为 $Lu_{1.99}Bi_{0.01}O_{3-x}$ 中 O、Lu、Bi 元素面扫后的 TEM 元素分布图，由图可知，样品中的各元素分布均匀，并无微观上的元素富集。图 6-4(g)为 $Lu_{1.99}Bi_{0.01}O_{3-x}$ 中 O、Lu、Bi 元素线扫后的 TEM 元素分布图，能量色散 X 射线光谱(EDS)线强度的轮廓体现在光谱学图像数据上。Lu、O 和

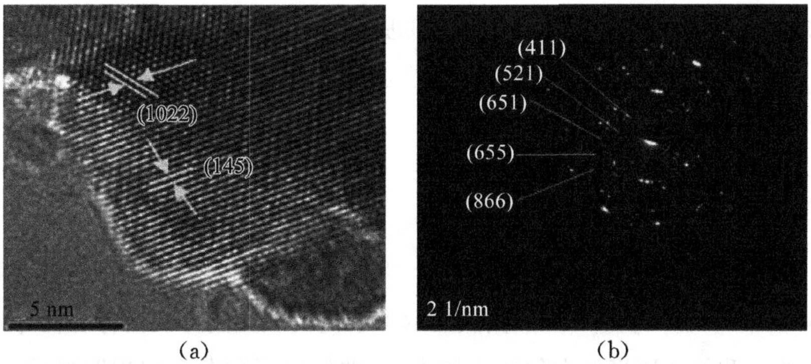

图 6-3　(a) $Lu_{1.99}Bi_{0.01}O_{3-x}$ 的高分辨 TEM 图；(b) $Lu_{1.99}Bi_{0.01}O_{3-x}$ 的选区电子衍射图

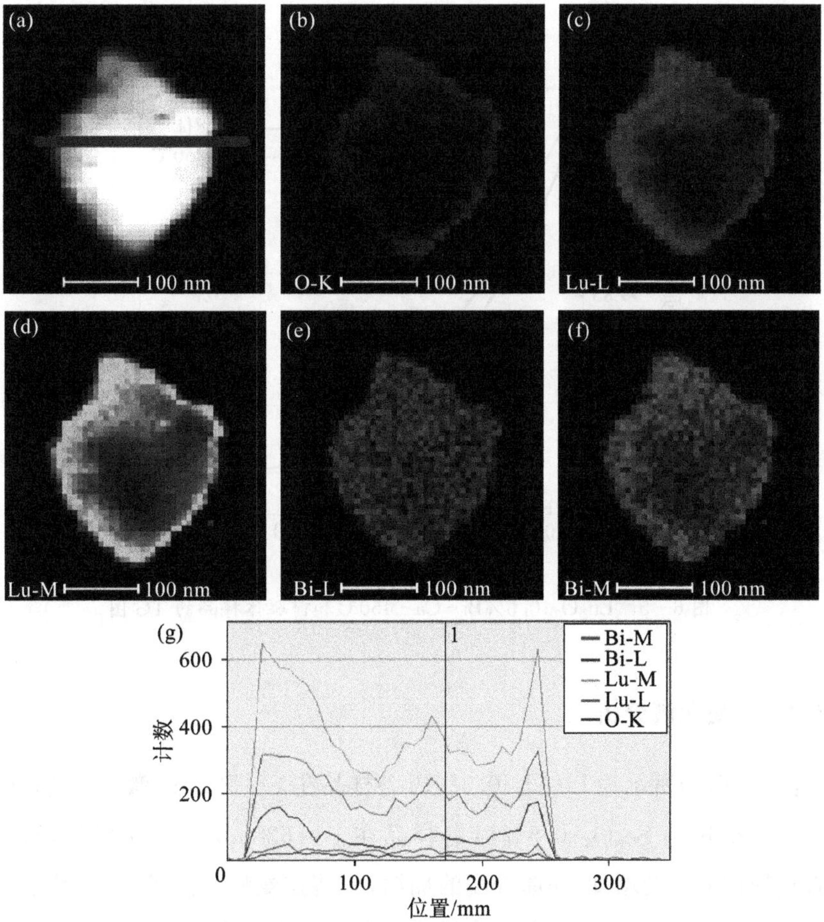

图 6-4　TEM 元素分布图及光谱图(彩图见附录)

(a)～(f) TEM 下 O、Lu、Bi 元素的分布图；(g) 沿着图(a)中红线绘制的光谱

Bi 的 EDS 证实了各元素均匀地分布在基质中。此外，电子衍射图[见图 6-3(b)]并不显示具有超结构的迹象，这也意味着氧空位是随机分布在基质中的。

6.3.3 热重分析

图 6-5 为 Lu_2O_3:0.5%Bi-Ca-450℃和前驱体样品在 O_2 流下的热重(thermogravimetry, TG)图，曲线显示由于钙的相关副产物的存在而导致质量减少。我们知道当氧空位浓度较大时，曲线后半部分会出现明显的上升，表明氧的重吸收过程。而此结果的反常间接说明了该样品中存在着非常有限的氧空位。

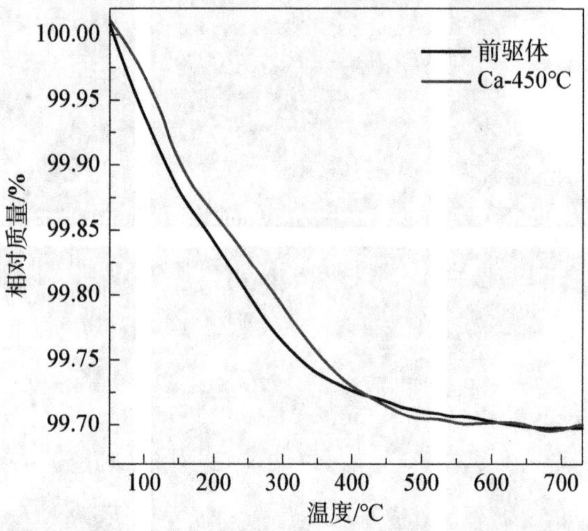

图 6-5 Lu_2O_3:0.5%Bi-Ca-450℃和前驱体样品的 TG 图

6.3.4 拉曼光谱分析

图 6-6(a)所示为 Lu_2O_3:0.5%Bi 各样品在 $\lambda=532$ nm 激发下的拉曼光谱，图 6-6(b)为 Sc_2O_3:0.5%Bi 各样品在 $\lambda=638$ nm 激发下的拉曼光谱。随着热处理温度的增加，还原程度的加深，一些拉曼峰发生了宽化，特别是对于 $T=450$℃以上的样品，这反映了结构中无序度的增加。这证实了氧空位诱导使阳离子的局部环境改性。

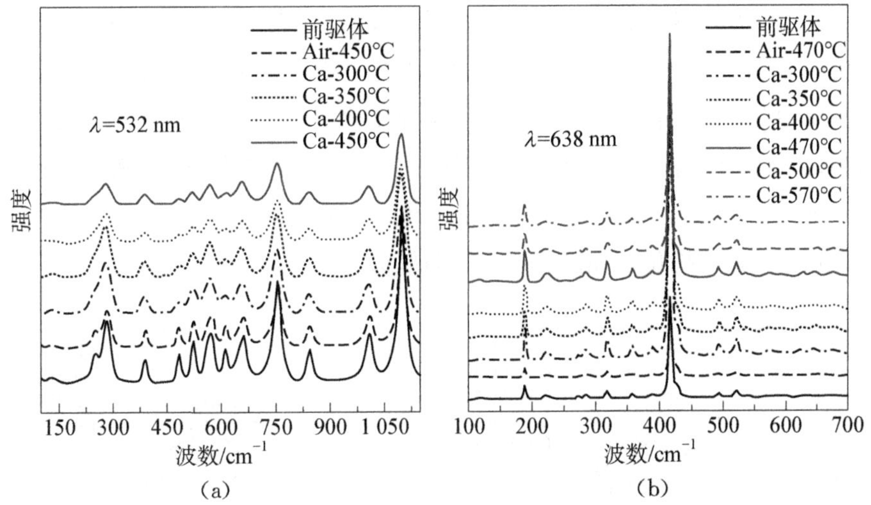

图 6-6　各样品的拉曼光谱

(a) Lu_2O_3:0.5%Bi;(b) Sc_2O_3:0.5%Bi

6.3.5　X 射线光电子能谱分析

如图 6-7 所示，Lu_2O_3:Bi 或 Sc_2O_3:Bi 还原系列样品中，Bi 4f 壳层的峰值显示随着热处理温度的增加，发生轻微的低能量位移。这意味着 Bi 的配位环境仅仅经历了微小的变化，暗示了氧空位的存在。另外，我们还注意到，

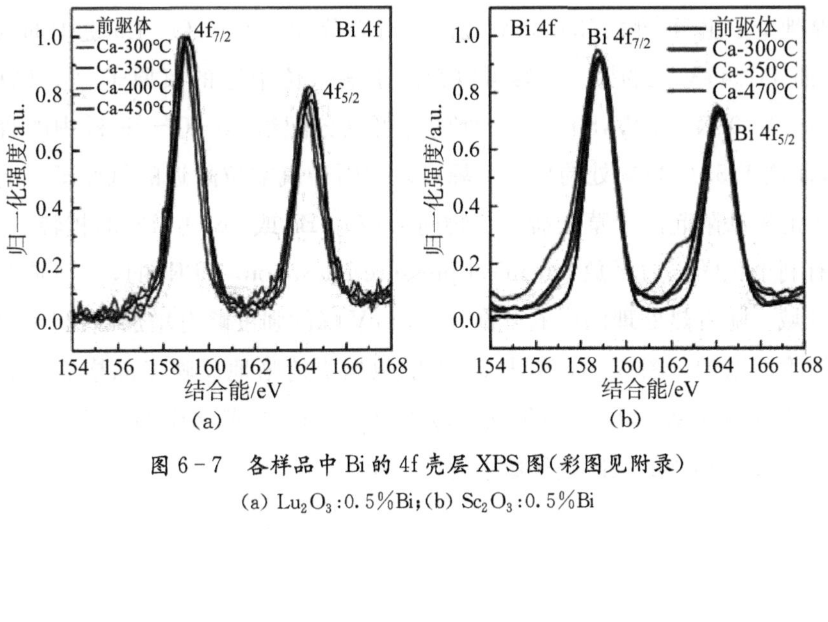

图 6-7　各样品中 Bi 的 4f 壳层 XPS 图(彩图见附录)

(a) Lu_2O_3:0.5%Bi;(b) Sc_2O_3:0.5%Bi

Lu_2O_3:Bi 中所有样品不显示与 Bi 金属连接的峰，表明在此基质中不存在未配位的 Bi 原子。然而，Sc_2O_3:Bi 所有样品中却存在与 Bi 金属连接的峰，即在此基质中存在未配位的 Bi，这是因为 Bi 原子比 Sc 原子要大得多，本身就不容易替代 Sc 原子，经过还原抽氧后，Bi 原子就容易处在结构中的间隙位上。

图 6-8 为 Lu_2O_3:0.5%Bi 前驱体和氧缺陷相的放大的 Bi 4f 壳层 XPS 图，Bi $4f_{7/2}$、$4f_{5/2}$ 峰位均如箭头所示方向偏移。

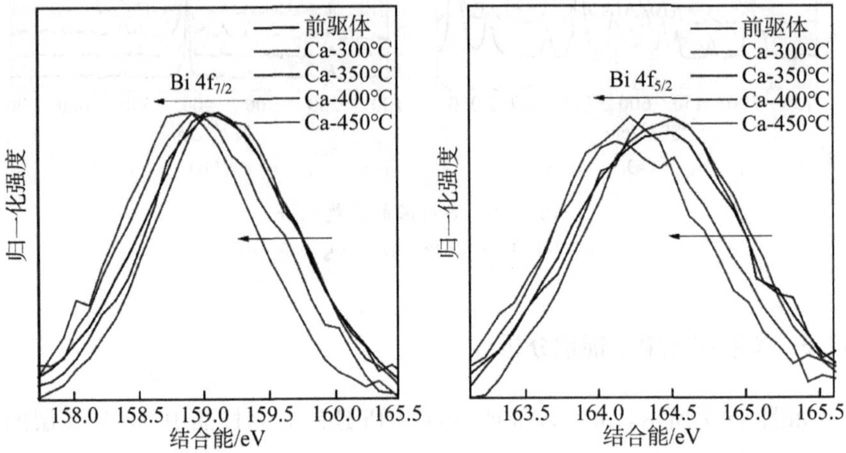

图 6-8 Lu_2O_3:0.5%Bi 前驱体和氧缺陷相的放大的 Bi 4f 壳层 XPS 图(彩图见附录)

如图 6-9 所示，在 Lu_2O_3:0.5%Bi 中，可以从前驱体的 O 1s 壳层光谱中清楚地鉴定出两个峰：529.2 eV 处的峰可以分配给 Lu—O—Lu 键中的骨架氧，而 531.4 eV 处的另一个峰可以归因于氧空位附近的氧原子[36]。同样，在 Sc_2O_3:0.5%Bi 中，529.6 eV 处的峰可以分配给 Sc—O-Sc 键中的骨架氧，而位于 531.3 eV 处的另一个峰可以归因于氧空位附近的氧原子。前驱体中的氧缺陷起因于草酸盐沉淀物向 Lu_2O_3:Bi(或 Sc_2O_3:Bi)的相转变，这是有利于化学压力释放(chemical pressure relaxation, CPR)的，特别是在表面区域。随着热处理温度的升高，531.4 eV 峰的强度略有增加，表明了氧空位浓度的增加。图 6-10 和表 6-1 的数据更清晰地反映了晶格氧与非晶格氧浓度的变化。O 1s 谱的 O_L 部分归因于 Lu_2O_3 晶格中的 O^{2-}，O_V 部分与 Lu_2O_3 基质中的氧缺陷区域中的 O^{2-} 相关。

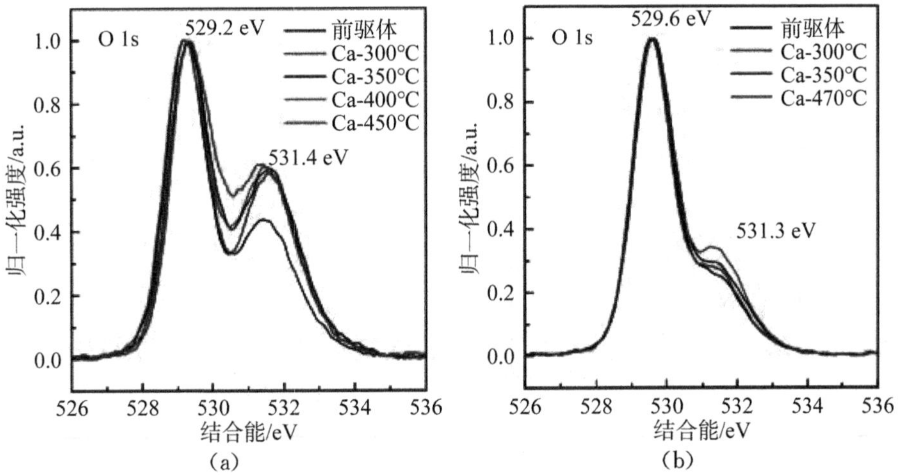

图 6－9　各样品的 O 1s 壳层 XPS 图(彩图见附录)

(a) Lu_2O_3:0.5%Bi;(b) Sc_2O_3:0.5%Bi

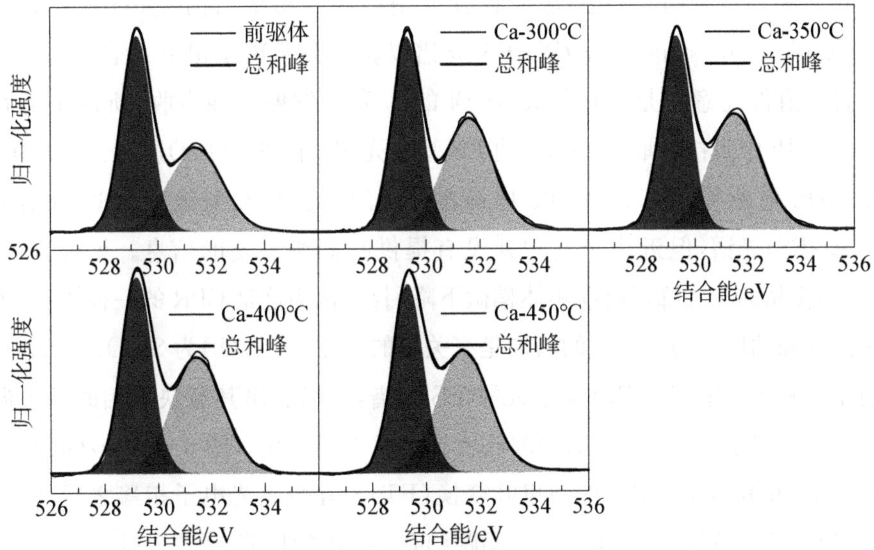

图 6－10　前驱体和氧缺陷相的 O 1s 壳层 XPS 图[亚峰为 O_L(深灰色)和 O_V 组分(浅灰色)]

表 6-1 O 1s 壳层 XPS 图分离的两个亚峰(O_L 和 O_V)的结合能位置和百分比

样品	O 1s	位置/eV	半高宽/eV	面积/%
前驱体	O_L	529.19	1.3	57
	O_V	531.42	2.34	43
Ca-300℃	O_L	529.30	1.25	50
	O_V	531.59	2.14	50
Ca-350℃	O_L	529.28	1.3	49
	O_V	531.52	2.3	51
Ca-400℃	O_L	529.19	1.31	50
	O_V	531.45	2.3	50
Ca-450℃	O_L	529.32	1.34	41
	O_V	531.36	2.26	59

6.3.6 X 射线吸收光谱分析

由于 XPS 分析仅给出在样品表面厚度 1～10 nm 范围内的元素信息，因此我们进一步采用 Lu 的 $L_{Ⅲ}$ 扩展边 X 射线吸收精细结构（extended X-ray absorption fine structure, EXAFS)光谱以获得关于还原相中氧空位的更多信息。值得注意的是，由于 Lu 对 Bi 的 L 壳层发射的强吸收，所以不能在 Lu_2O_3:Bi 中直接获取 Bi 的 $L_{Ⅲ}$ 边 EXAFS 光谱。图 6-11(a)所示为 Lu_2O_3:0.5%Bi 前驱体和 Ca-350℃ 样品的 Lu 的 $L_{Ⅲ}$ 边 X 射线吸收近边结构(XANES)光谱，但近边光谱却并没有提供我们所需要的信息。另外，Ca-350℃样品的白线峰对比前驱体稍微下降，我们认为这是 CPR 的一种体现，因为白线峰的增高与无序度的增加是有关联的。图 6-11(b)为 Sc_2O_3:0.5%Bi 前驱体和氧缺陷相的 Bi $L_{Ⅲ}$ 边 XANES 光谱，可以看出其氧缺陷相的近边向低能级迁移了，这说明 Bi 的局部环境的确发生了变化。图 6-11(c)(d)显示了在 Lu 格位处 EXAFS 的傅里叶变换(FT)。在校正光电子相移之后，因为 R 空间的峰位置相对于实际原子间距约有 0.5 Å 的位移，考虑到这一点，实际吸收原子与周围原子的间距符合实际键长。R 空间中的峰强度与给定类型的平均邻近配位数的均方根键长无序度相关。有趣的是，1.84 Å 和 3.30 Å 分别对应于 Lu—O 和 Lu—Lu 配位壳层，在还原处理后变得更弱。此外，Ca-350℃样品对于前驱体在 1.84 Å 的峰位显示出更大的 R 值，这意味着 Bi—O

键长发生了改变。由于 Bi 原子位于 Lu 的格位,因此我们假定 Bi 的局部环境也可以受这种拓扑相变的影响。这也进一步证明了氧空位诱导修饰了阳离子的局部环境。

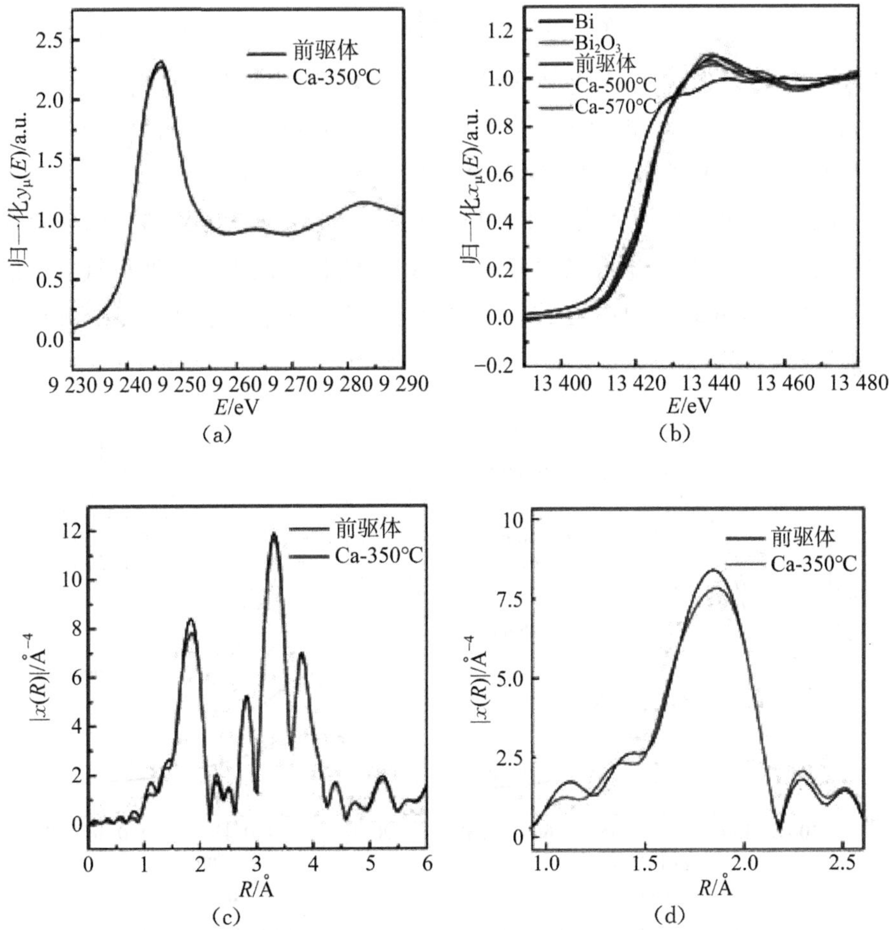

图 6-11　X 射线吸收光谱分析(彩图见附录)

(a) Lu_2O_3:0.5%Bi 前驱体和 Ca-350℃样品的 Lu L_{III} 边 XANES 光谱;(b) Sc_2O_3:0.5%Bi 前驱体和氧缺陷相的 Bi L_{III} 边 XANES 光谱;(c) Lu_2O_3:0.5%Bi 前驱体和 Ca-350℃样品 EXAFS 光谱的 FT;(d) Lu_2O_3:0.5%Bi 前驱体和 Ca-350℃样品 FT 部分的放大图

6.3.7　光学性质与讨论

本部分内容主要对稳态荧光光谱、瞬态荧光光谱、吸收光谱和量子产率等进行讨论分析。

1) 稳态荧光光谱

稳态 PL 结果表明，Lu_2O_3:0.5%Bi 在 325 nm 和 370 nm 光的激发下，分别在峰值 490 nm 和 405 nm 处显示出宽的发射峰，证实了 Bi^{3+} 替代 S_6 和 C_2 格位中的 Lu^{3+}。然而，在经过还原处理后，Ca - 350℃样品的 PL 强度比前驱体的高约 3 倍(见图 6 - 12)，这表明氧空位的浓度对于实现最佳的 PL 增强是至关重要的。相比之下，Air - 450℃样品的 PL 强度却并没有显著增强。我们知道，虽然氧原子的提取会使得少数 Bi^{3+} 变成近红外活性中心，但这是由于欠配位的 BiO_6 多面体的产生(已通过 Bi 4f 壳层向低能级位移的现象证实)，而总体效应为产生增强的可见光发射。倘若我们进一步增加氧空位的数量，则产生更多欠配位的 Bi—O 多面体，因此会导致相对较弱的可见光发射。

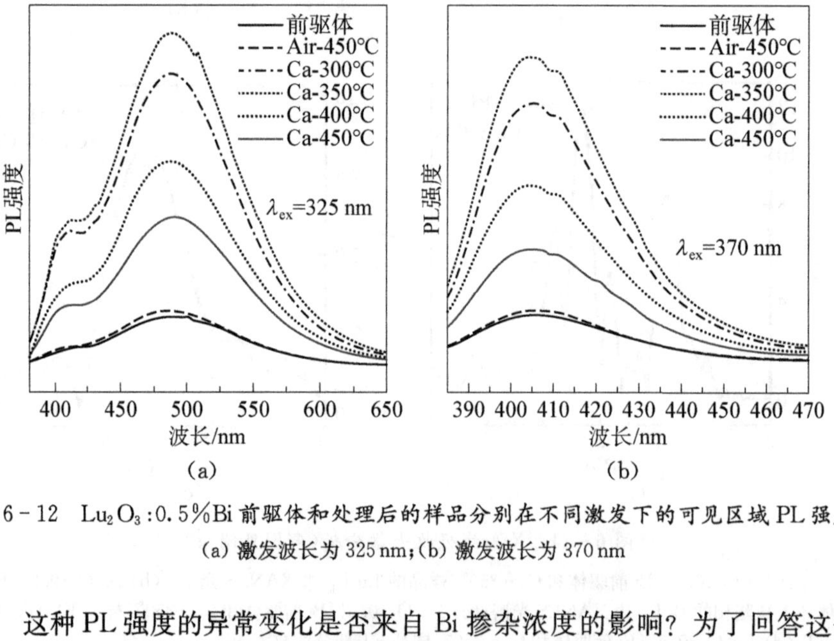

图 6 - 12 Lu_2O_3:0.5%Bi 前驱体和处理后的样品分别在不同激发下的可见区域 PL 强度
(a) 激发波长为 325 nm；(b) 激发波长为 370 nm

这种 PL 强度的异常变化是否来自 Bi 掺杂浓度的影响？为了回答这个问题，紧接着进行了相应的低浓度掺杂实验——Lu_2O_3:0.1%Bi。该实验重复 Lu_2O_3:0.5%Bi 的实验步骤和处理条件，测试条件也保持一致。实验结果表明，PL 强度的增强规律几乎一致，说明这种 PL 强度的异常行为与活性离子的浓度并无关联(见图 6 - 13)。

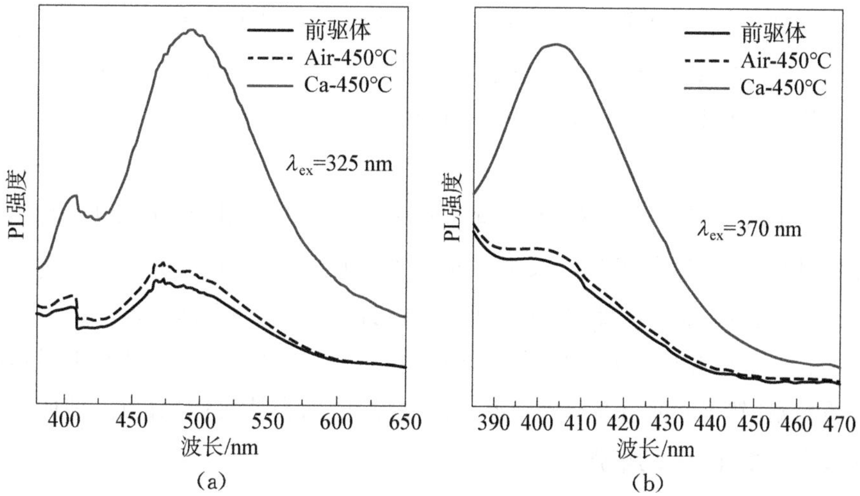

图 6-13　Lu_2O_3:0.1%Bi 前驱体和处理后的样品分别在不同激发下的可见区域 PL 强度
(a) 激发波长为 325 nm；(b) 激发波长为 370 nm

由于 Bi 离子在某些材料中会存在着近红外发光，因此我们测试了 Lu_2O_3:0.5%Bi 前驱体和处理后的样品在近红外区的 PL 强度(见图 6-14)，发现前驱体和 Ca-300℃样品在近红外区不发光，而 Ca-350℃样品则开始出现了近红外区发光，但强度较弱，说明此时 Bi 周围的局部环境已经发生很大

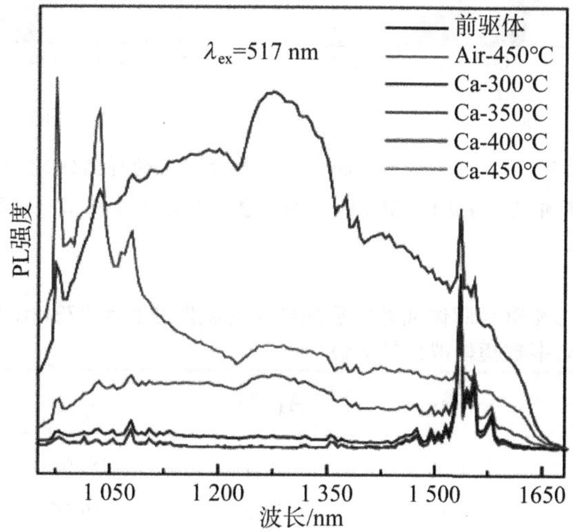

图 6-14　Lu_2O_3:0.5%Bi 前驱体和处理后的样品在激发波长为 517 nm 处的近红外区域 PL 强度(彩图见附录)

的变化，出现了一部分近红外发射中心的 Bi。Ca-400℃样品的最强近红外发光与样品中 Bi 的近红外发射中心数量增多有关。然而，Ca-450℃样品的近红外发光减弱是因为氧缺陷数量持续增多。

2) 瞬态荧光光谱

要了解更多关于前驱体和处理后样品中 Bi^{3+} 的发射行为的信息，我们进行了时间分辨的 PL 测量。实验结果表明，Air-450℃显示出与前驱体相类似的荧光衰减，而还原处理后样品的寿命均比前驱体的寿命长得多(见图 6-15、表 6-2 和表 6-3)。这些事实表明，CaH_2 的热处理导致了非辐射通道的实质抑制，其不能通过在空气中退火而去除，因而支持我们的论点，即所产生的氧空位主导 PL 的增强。

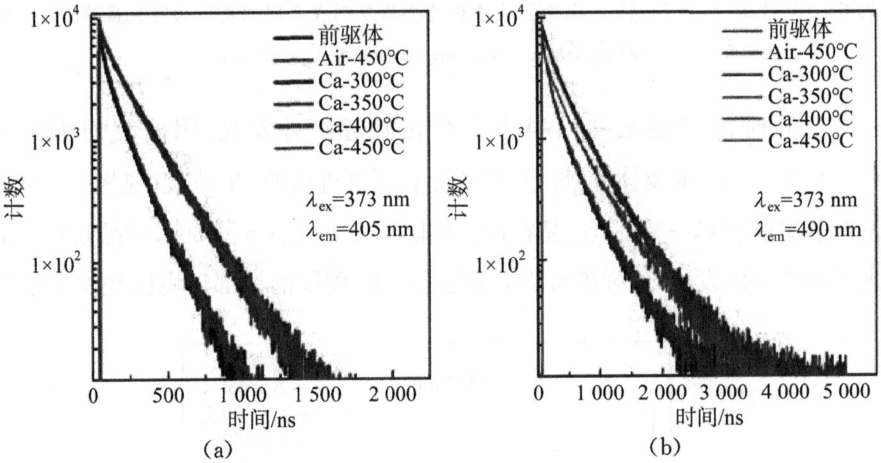

图 6-15 Lu_2O_3:0.5%Bi 的前驱体和处理后的样品(彩图见附录)

(a) 在 373 nm 脉冲光的激发下监测 405 nm 处的衰变曲线；(b) 在 373 nm 脉冲光的激发下监测 490 nm 处的衰变曲线

表 6-2 Lu_2O_3:0.5%Bi 前驱体和处理后的样品在激发波长为 373 nm、发射波长为 405 nm 下，通过双指数模型拟合的数值

样品	τ_1/ns	A_1/%	τ_2/ns	A_2/%
前驱体	124.37	13.3	18.98	86.7
Air-450℃	126.53	16.4	20.83	83.6
Ca-300℃	195.20	46.8	37.10	53.2
Ca-350℃	198.82	50.2	37.57	49.8

（续表）

样品	τ_1/ns	A_1/%	τ_2/ns	A_2/%
Ca-400℃	197.07	48.3	35.21	51.7
Ca-450℃	193.97	47.6	39.21	52.4

说明：寿命值 τ_1 具有相应振幅 A_1，寿命值 τ_2 具有相应振幅 A_2。

表 6-3 Lu_2O_3:0.5%Bi 前驱体和处理后的样品在激发波长为 373 nm、发射波长为 490 nm 下，通过双指数模型拟合的数值

样品	τ_1/ns	A_1/%	τ_2/ns	A_2/%
前驱体	284.48	16.55	42.64	83.45
Air-450℃	294.90	16.04	41.42	83.96
Ca-300℃	438.82	47.74	100.26	52.26
Ca-350℃	440.22	49.27	106.58	50.73
Ca-400℃	436.21	48.35	96.30	51.65
Ca-450℃	354.54	0.06	8.86	99.94

说明：寿命值 τ_1 具有相应振幅 A_1，寿命值 τ_2 具有相应振幅 A_2。

3）吸收光谱

如图 6-16 所示，紫外可见吸收光谱中 300～400 nm 波段内吸收峰的变化是由于氧空位的产生，导致 Bi^{3+} 所处格位环境发生了变化，这反映了 Bi—O 键间的能量转移。还原相在 400～800 nm 区域的曲线整体抬高与氧空位含量

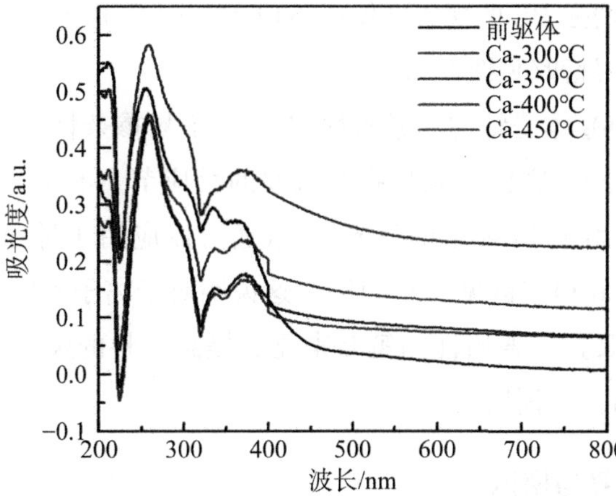

图 6-16 Lu_2O_3:0.5%Bi 前驱体和氧缺陷相样品的紫外可见吸收光谱（彩图见附录）

增多有关。

4) 量子产率

众所周知，在低激发状态下，PL 强度与 $\sigma\Phi NQ$ 成比例，其中 σ 是激发截面，Φ 是光子通量，N 是光学活性中心的数量，Q 是量子产率。因此，氧空位主导的 PL 增强机制可以解释如下：由于前驱体中的暗发射体承受着显著的化学压力，Bi 与 O 原子之间的键倾向于共价，这可能会导致低效的 PL 或使它们失活。此外，这些暗发射体还可以用作对应亮发射体的猝灭中心，这是由合成过程中引入的本征缺陷产生的。在用 CaH_2 处理时，少量氧空位的出现有利于释放 Bi^{3+} 所承受的化学压力，由于局部环境的变化，它们从暗发射体转变成亮发射体。其结果是，具有氧空位相的绝对 QE 变得比前驱体的绝对 QE 大得多，如表 6-4 所示。

表 6-4 Lu_2O_3:0.5%Bi 前驱体和处理后样品的荧光量子产率

样品	前驱体	Air-450℃	Ca-300℃	Ca-350℃	Ca-400℃	Ca-450℃
PLQY (λ=325 nm)/%	7.3	8.1	55.8	58.9	44.0	27.9
PLQY (λ=370 nm)/%	3.5	3.6	28.3	36.7	19.6	9.7

5) 其他稀土氧化物的研究

这种 CPR 增强 PL 的现象不仅仅体现在 Lu_2O_3:Bi 材料上，在 Sc_2O_3:Bi 上也出现了这种规律(见图 6-17)。

但由于 Sc_2O_3 本身结构的紧密性和 Bi 的不易掺杂性，这种材料中 CPR 的效果相对减弱了，这也可能与我们采取的反应节点有关。但令人兴奋的是，CPR 不仅仅用于 Bi 离子的发光增强，还可以应用于稀土离子的荧光增强，如 Pr 掺杂 Lu_2O_3 等(见图 6-18)。这说明对于离子不匹配的掺杂材料，均可以通过 CPR 这一普遍性的策略来显著提高材料的荧光强度，而这也给 LED 节能方面的应用带来了展望。

6.3.8 理论计算与模拟

为了理解氧空位主导的 PL 增强的基本机理，我们进行了量子化学计算。

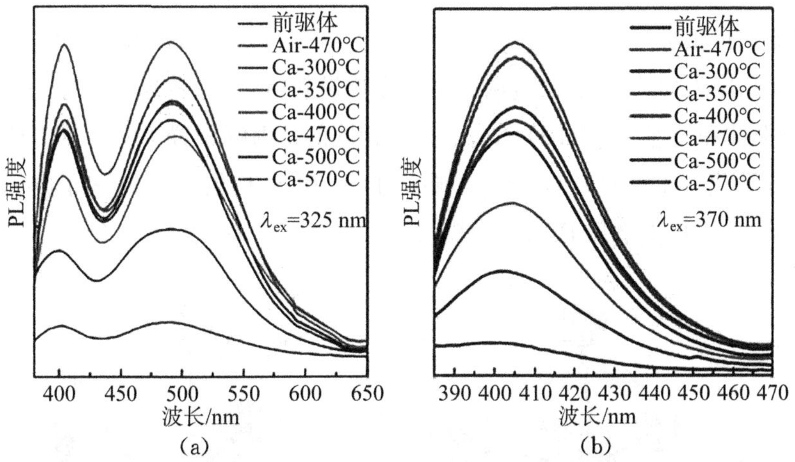

图 6-17　Sc_2O_3:0.5%Bi 前驱体和处理后样品在不同激发下的可见区域 PL 强度（彩图见附录）

(a) 激发波长为 325 nm；(b) 激发波长为 370 nm

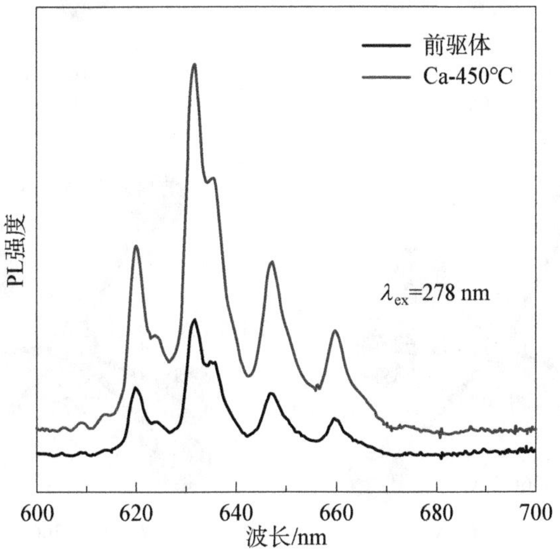

图 6-18　Lu_2O_3:0.5%Pr 前驱体和氧缺陷相样品在激发波长 278 nm 处的可见区域 PL 强度

如图 6-19 所示，量子化学计算表明，当提取与 Bi—O 八面体相邻的氧时，Bi^{3+} 周围的配位八面体扩大。这将导致 CPR，而这与 X 射线吸收精细结构(EXAFS)光谱的结果非常一致。我们强调，这个计算可能会低估氧空位主导的 CPR,因为它基于超晶胞模型(即计算的氧空位主导的局部体积扩张可能被超晶胞的扩张所低估)。我们假设 Lu_2O_3 基体中 Bi^{3+} 所经历的巨大化学压力可能导致高度失配的配位环境,从而显著影响发射行为。显然,如图 6-19(a)所示,前驱体和处理相的 XRD 图谱上几乎相同的衍射峰位置表明了氧空位的产生可导致化学压力的局部弛豫,影响处于 C_2 和 S_6 格位处的 Bi 离子的局部配位环境,从而提供增加 PLQY 的机会。

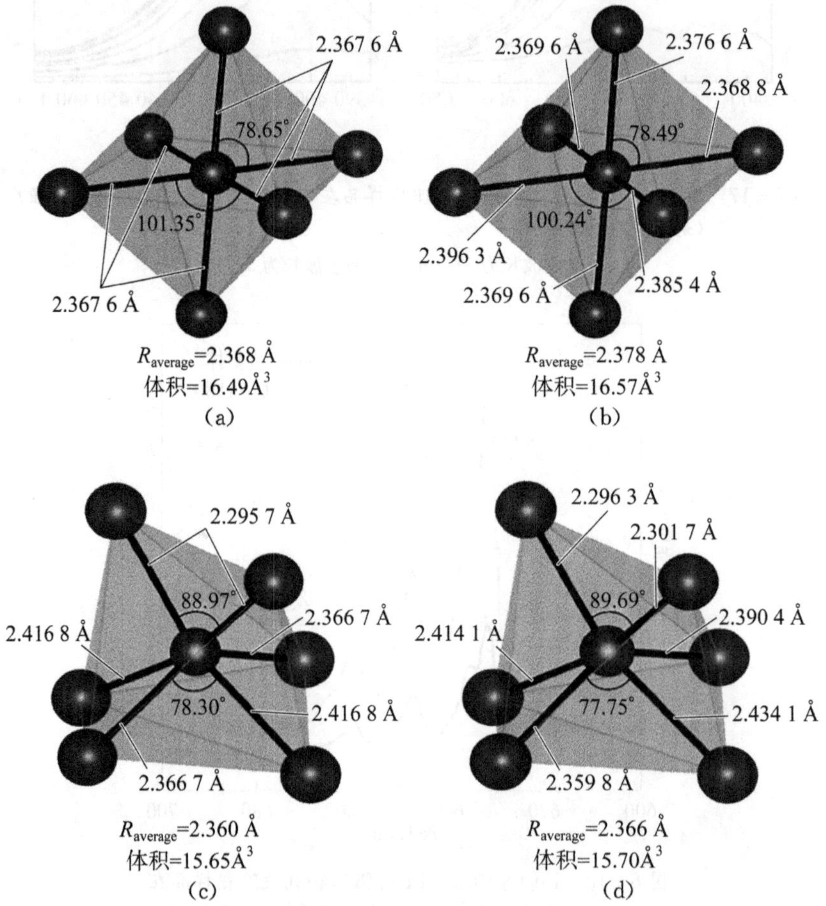

图 6-19 在 Lu 原子的周围提取一个氧离子之前和之后,Bi 在 S_6 和 C_2 格位处的配位环境(键长和晶体结构的结果基于量子化学计算)

(a) 提取氧离子之前,S_6 格位;(b)提取氧离子之后,S_6 格位;(c) 提取氧离子之前,C_2 格位;(d)提取氧离子之后,C_2 格位

6.4 本章小结

实验结果表明，对于由于化学压力的释放而将较低效率的暗发射体转化为高亮度发光的同类物而言，较低浓度的氧空位是至关重要的，因为这将显著改善发光亮度。理论计算也表明，在化学压力释放的前后，Bi—O 键长和键角的确产生了变化，我们认为这种差异就是氧空位主导的化学压力释放的结果，与 Bi^{3+} 相邻的氧空位的出现可以改变其局部配位环境，从而影响发射特性（见图 6-20）。这与我们的实验结果相符合，也进一步证实了我们的猜想。

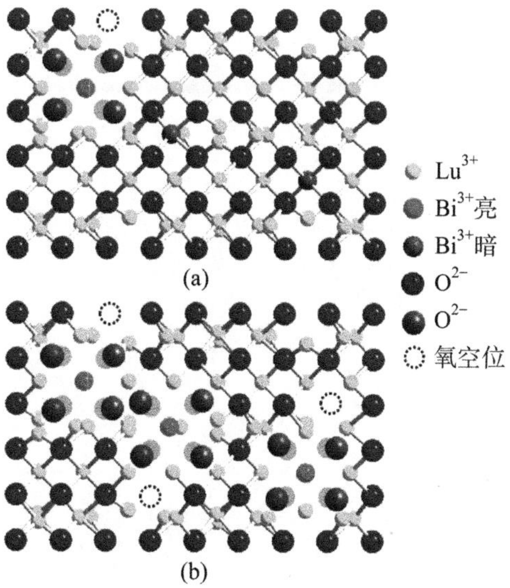

图 6-20　局部配位环境示意图

(a) Lu_2O_3:Bi 局部配位环境；(b) 氧缺陷相中 Bi^{3+} 局部配位环境

总而言之，我们已经证明氧空位主导的 CPR 提供了一种普遍有效的方法，以显著改善尺寸不匹配的掺杂荧光体的 PL 发射。组分、结构和 PL 表征以及量子化学计算，揭示了邻近 Bi^{3+} 氧空位的出现会促进释放掺杂区域的化学压力，导致暗发射体转换成明亮的发射体。更重要的是，我们发现这里所展示的策略可以扩展到其他受化学压力困扰的荧光材料的 PL 优化上。我们的工作不仅强调化学压力对荧光体的光物理行为的影响，而且还体现在通过创造氧缺陷来实现 CPR 这一独特路径。我们认为本发现不应限于不同形式的发光材料，而是可以适应于广谱系统，可用于调节对掺杂剂局部配位环境敏感的性质。

第7章 基于拓扑化学反应原理调制的铋掺杂 Gd_2O_3 发光材料

近红外(NIR)在生物窗口Ⅰ(650～950 nm)和生物窗口Ⅱ(1 000～1 350 nm)中具有比 UV 或可见光高得多的组织穿透能力，并且对于体内光学成像是具有优越性的。由于组织自发荧光和散射显著减少，生物窗口Ⅱ的 NIR 光可以提供比生物窗口Ⅰ更高的组织穿透能力。迄今为止，人们已经广泛探索了在生物窗口Ⅰ中发射的 NIR 荧光材料，并且都已经系统地报道了。与此形成鲜明对比的是，在生物窗口Ⅱ中的荧光材料非常有限，在过去十年中仅报道了以下几种类型：碳纳米管、Bi 掺杂的铝硅酸盐纳米颗粒、Ag_2Te 和 Ag_2S 量子点。因此，我们非常希望能够开发出在生物窗口Ⅱ中显示近红外波段光致发光的新材料。

7.1 基本理论

稀土(rare earth，RE)掺杂的 NIR 发光荧光体一直是 NIR 荧光体家族中最有吸引力的成员之一。它们已经发展为一类新的荧光生物标志物，由于较大的斯托克斯位移、高抗光漂白和高穿透深度的特殊性质，它们有望成为用于生物测定和医学成像中有机荧光团和量子点的替代。然而，这些荧光粉要么依赖稀土离子来实现 NIR 发射，通常显示较窄的激发带和发射带(如 $Y_2O_3:Er^{3+}$、$SrF_2:Nd^{3+}$ 和 $Y_3Al_2Ga_3O_{12}:Nd/Ce/Cr$)；要么其不能覆盖生物窗口Ⅱ。这些缺点阻碍了它们在体外/体内近红外荧光成像中的应用。因此，我们非常希望开发出采用非稀土发光中心的新型荧光粉，并且显示出较宽的NIR光谱，而且还可以覆盖生物窗口Ⅱ。在常用的发射中心中，铋是元素周期表中最重的稳定元素，具有不同的氧化价态，它已经在广泛的应用中成为有前景的光学活性中心，例如可见光和近红外光子学。众所周知，铋离子未被保护的外层电子可以很容易地受到晶体场环境的影响。因此，通过合理选择主体材料或特定的化学方法来定制它们的配位环境，进而调节Bi的光谱特性是很重要的。近期，我们通过使用有效的低温局部化学还原策略，实现了PL从$Y_{2-x}Bi_xO_3$中的可见光到$Y_{2-x}Bi_xO_{3-z}$中的NIR发射的移动[121]。然而，通过使用这种强大的软化学路线来探索新的铋激活材料，仍然非常重要，并有着广泛的应用，如体外/体内生物窗口Ⅱ的NIR荧光成像。此外，若将有利的NIR发射特征与一种材料系统中的其他特征组合起来，可能有利于开发出新型的多功能生物标记。

氧化钆(Gd_2O_3)是一种有前景的光学材料主体基质，因为其具有良好的化学耐久性、热稳定性和低声子能量。迄今为止，稀土掺杂的块体Gd_2O_3或Gd_2O_3纳米颗粒已经被详细研究，已经显示出有吸引力的荧光性质，并且已经广泛用于荧光粉、电视管、生物荧光标记、磁共振成像(MRI)对比和体外/体内光学成像。另外，铋掺杂的Gd_2O_3也已经被报道宽的可见PL或用作其他活性中心的敏化剂以实现增强荧光发射。然而，这些材料中的大多数只显示在可见光谱范围内的荧光发射。考虑到含有Gd的材料对于MRI的潜在前景，开发出能够在生物窗口Ⅱ中发射的基于Gd_2O_3的体系，将为它们更广泛的应用(如多功能生物标记)提供新的途径。

在本章工作中，我们试图通过使用Bi掺杂的缺氧相氧化钆(通过低温局部化学方法还原，CaH_2作为温和还原剂)来解决以上问题。

7.2 荧光粉的制备

Bi^{3+}掺杂的Gd_2O_3通过共沉淀法制备，具体步骤如下：① 将适量的$Gd(NO_3)_3 \cdot 6H_2O$和$Bi(NO_3)_3 \cdot 5H_2O$溶解于含有稀硝酸的去离子水中。② 加入过量草酸使得所有阳离子共同沉淀，将收集的沉淀物用蒸馏水和无水C_2H_5OH洗涤、过滤数次，以除去杂质阴离子。③ 将沉淀物放置在真空烘箱中，在 110℃干燥 12 h，然后将前驱体沉淀物放入马弗炉中，在 1 350℃下煅烧 4.5 h 后，获得白色粉末样品 Gd_2O_3:Bi。④ 在氮气气氛的手套箱(O_2 和 H_2O 浓度小于 0.1 ppm①)中，将前驱体与 2 mol 当量的 CaH_2 混合研磨。然后将混合物密封在抽真空的 Pyrex 管中，并在 450℃下持续加热不同的时间。在还原期间产生的副产物 CaO 和残余的 CaH_2 用 0.3 mol/L 的 NH_4Cl 甲醇溶液离心洗涤，然后在 50℃的真空烘箱中干燥，得到最终样品 $Gd_{2-x}Bi_xO_{3-z}$。样品表示为 St，其中 t 是以小时计的持续加热时间。

7.3 实验结果与讨论

本部分内容主要讨论了铋掺杂 Gd_2O_3 的物相结构和发光特性，并对其光学性质进行了分析。

7.3.1 物相结构分析

XRD 测试用以确定前驱体和还原样品的相纯度和结构性质。众所周知，Gd_2O_3 具有两种晶型结构：单斜相(B 型，空间群，C2/m)和立方相(C 型，空间群，Ia3)。在室温下，Gd_2O_3 的晶型结构可以是立方相或单斜相。以前的工作证实了两种相可以在特定的制备条件下共存。如图 7-1 所示，该前驱体由单斜相(JCPDS＃42—1465)和立方相(JCPDS＃43—1014)共同组成，并且 B 型单斜相为主要存在相。前驱体进行 CaH_2 处理后，所得产物显示与前驱体类似的 XRD 图案，这意味着

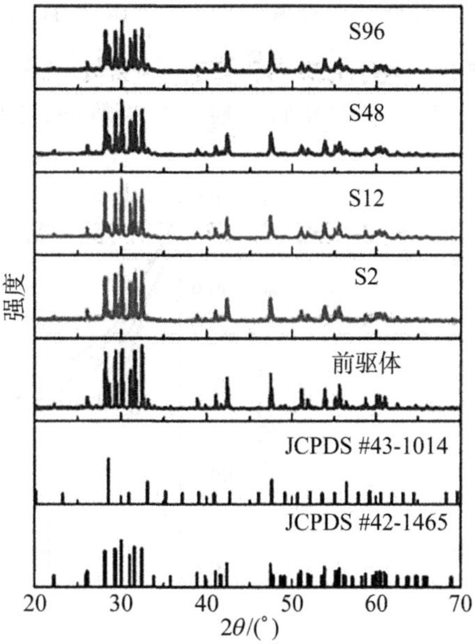

图 7-1　前驱体和还原样品的 XRD 图谱

① ppm 全称为 parts per million，表示百万分之一，行业惯用浓度单位。

氧化钆的晶体结构保持良好。Gd 原子在单斜晶 Gd_2O_3 中是七配位的，而在立方结构中是六配位的。由于 Gd^{3+}（CN＝6，r＝0.938 Å）的半径与 Bi^{3+}（CN＝6，r＝1.03 Å）的半径相近，所以 Bi^{3+} 可以随机占据主体结构中的 Gd^{3+} 位点。

7.3.2 热重分析

为了研究低温热处理对氧化钆组成变化的影响，在氧气气氛中进行热重（thermogravimetry，TG）分析。将约 50 mg 样品装入氧化铝坩埚中，并使用流速为 40 mL/min 的氧气作为载气，以 10℃/min 从室温加热至 800℃。如果使用 CaH_2 局部化学还原前驱体，则可以在结构中产生氧缺陷，当在氧气气氛下将它们加热到一定温度时，预期在还原相中出现质量增加的现象。也就是说，还原相可以转化至没有氧缺陷的相。图 7－2 是在流动的 O_2 下获得的还原相的 TG 曲线。通常，在这些曲线中可以观察到三个特征：第一阶段，从室温到约 360℃的减重归因于吸附水的去除。在第二阶段（360～580℃），观察到明显的质量增加，这是由于氧气的回填。在第三阶段，即样品被加热到 600℃之后，观察到另一个失重阶段，据分析是由 $CaCO_3$ 或 $Ca(HCO_3)_2$ 副产物的分解引起的。基于 TG 数据，我们可以粗略地确定 S2、S12、S48 和 S96

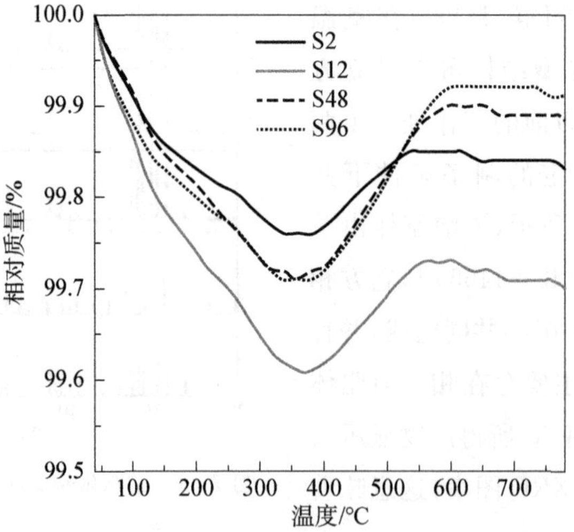

图 7－2 在 O_2 流下获得的还原相的 TG 曲线

样品中的氧空位含量分别为 0.09%、0.124%、0.186%和 0.216%(质量分数)。显然,氧空位的含量随着热处理时间的增加而增加。

7.3.3 拉曼光谱分析

拉曼光谱是用于表征材料的非常强大的工具,因为其是原位的和非破坏性的方法。到目前为止,已经有很多工作通过拉曼光谱在理论和实验上研究了 Gd_2O_3[122-123]。为了测试 CaH_2 处理对 Bi 掺杂氧化钆的结构的影响,我们进一步采用拉曼光谱。如图 7-3 所示,前驱体显示出类似于未掺杂的 Gd_2O_3 的多个尖峰[122-123]。很显然,这些峰不能完全归因于 Gd_2O_3 的一个相。在 361 cm^{-1} 和 442 cm^{-1} 处的散射峰可以归属于 Fg 和 Eg 模式组合的立方相 Gd_2O_3,而其他的散射峰均来自单斜晶型的 Gd_2O_3[122-123]。这与 XRD 结果很好地符合。表 7-1 所示为前驱体和 S12 样品中拉曼峰位和半高宽的比较。有趣的是,相对于前驱体,在还原相的拉曼光谱中观察到两点明显的差异:① 对于所有还原的样品,拉曼峰的宽度明显变宽(见图 7-3);② 归属于单斜晶型和立方晶型的散射峰受到热处理的影响。在还原相中,361 cm^{-1} 和 442 cm^{-1} 处的峰几乎消失,这强烈地证明了当用 CaH_2 处理时,立方相的结构严重破坏。相比之下,归属于单斜相的散射峰合并在 370~425 cm^{-1} 的范围

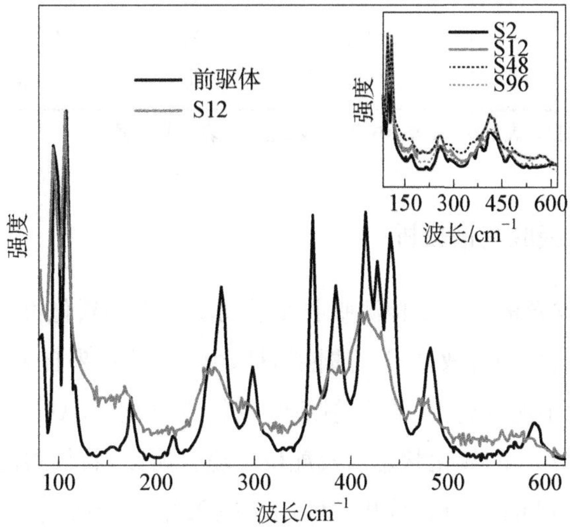

图 7-3 前驱体和 S12 样品在室温下(λ = 638 nm)的拉曼光谱(插图显示了所有还原样品的拉曼光谱)

内。所有这些事实表明，使用局部化学方法从氧化钆中提取氧可以严重影响结构的短程有序，而长程有序可以保存良好。也就是说，热处理增加了基体的无序，而且在还原相中掺杂的Bi离子可以被视为位于有缺陷的环境中。

表 7-1 前驱体和 S12 样品中拉曼峰位和半高宽的比较

前驱体中的拉曼峰位/cm^{-1}	半高宽/cm^{-1}	参考文献中的拉曼峰位/cm^{-1}	振动模式	S12样品中的拉曼峰位/cm^{-1}	半高宽/cm^{-1}
83(m)	—	84(m)	Ag	81(m)	—
98(vs)	5.7	98(vs)	Bg	95(vs)	5.9
109(vs)	6.6	109(vs)	Ag	106(vs)	6.9
116(w)	4.3	115(w)	Bg	113(m)	6.6
153(vw)	4.4	150(vw)	Ag	—	—
175(w)	7	176(w)	Ag	170(w)	10
217(m)	7	218(w)	Ag	—	—
258(m)	12	256(m)	Ag	259(m)	23
267(m)	11.1	269(m)	Ag	—	—
298(m)	9.5	299(m)	Bg	289(w)	23.6
361(s)	6.7	—	—	属于立方相	—
385(m)	11.8	385(m)	Bg	383(w)	20.6
415(s)	11.8	416(s)	Bg	413(m)	42.9
428(m)	11.7	427(m)	Bg	—	—
442(s)	12.3	442(s)	Ag	—	—
481(m)	12.9	483(m)	Ag	473(w)	46.4
589(w)	11.2	590(w)	Ag	573(vw)	21.7

说明：vw表示非常弱，w表示弱，m表示中等，s表示强，vs表示非常强。

7.3.4 X射线吸收光谱分析

X射线吸收光谱是用于检测吸收原子周围的平均氧化价态和位点对称性变化等更可靠信息的有效技术。遗憾的是，由于Gd对来自Bi的X射线信号强烈吸收，我们不能获得Bi的X射线吸收精细结构(XAFS)光谱，因此不可能分析该结构中Bi的氧化状态以及配位环境。所以，我们将注意力转向前驱体和还原相中Gd的XAFS分析。Gd L_{III}边X射线吸收近边结构(XANES)光谱如图7-4所示。令人惊奇的是，我们发现Gd L_{III}边白线峰的强度随着处理时间的增加而单调增加。众所周知，Gd $L_{Ⅲ}$ 边 XANES 对应于从 $2p_{3/2}$ 到 5d 的跃迁。白线峰强度的增加意味着更多数量的未占据的 Gd 5d 轨道状态的电子可用于 Gd 2p 轨道的电子激发，这可以归因于在还原相中 Gd—O 键变长的离子特性[124]。如果我们考虑在还原相中产生氧空位，这将变得容易理解。作为氧原子脱嵌的结果，可以影响 Gd 的配位多面体，导致出现配位不足的 Gd—O 单元或变形的 Gd—O 多面体。这种变化减少了提供 Gd 5d 轨道和 O 2p 轨道之间的电子共享机会，因而产生更多未占据的 Gd 5d 轨道电子。因为 Bi 离子占据 Gd 位点，所以我们可得出结论，局部化学处理也可以改变 Bi 离子所存在的配位环境。

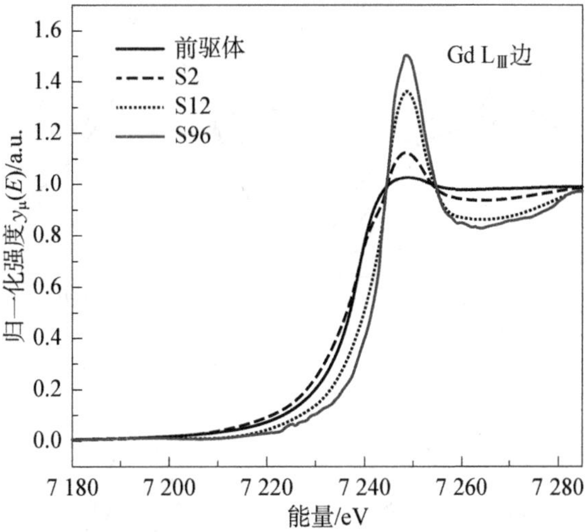

图 7-4　前驱体、S2、S12 和 S96 样品的 Gd $L_{Ⅲ}$ 边 XANES 光谱

7.3.5　光学性质与讨论

众所周知，Bi 掺杂材料可以展示紫外、可见和红外 PL 发射，并且发射范围与 Bi 的氧化价态以及局部配位环境密切相关。因此，我们采用 PL 光谱来监测氧空位对此研究体系的光物理性质的影响。图 7-5(a)是在 478 nm 的可见光监测下的前驱体和还原样品的 PLE 光谱。观察到以 311 nm、340 nm、364 nm 为中心的三个峰组成的宽的激发带。当由 340 nm 的可见光激发时，所有样品显示范围为 420～650 nm 的蓝色发射，最大峰值在 478 nm[见图 7-

5(b)]。这个宽的发射带主要归因于 Bi^{3+} 的特征性 $^3P_1/^1S_0$ 跃迁。图 7-5(c)为在 1025 nm 近红外光下监测的还原样品的 PLE 光谱，表明样品的激发波长在 300～800 nm 范围内。在前驱体中没有检测到 NIR 发射[见图 7-5(d)]，而所有还原样品出现超宽带 NIR 发射的范围为 800～1600 nm。这表明 NIR PL 并不是来自 Gd_2O_3 的结构缺陷，而是与产生的氧空位密切相关。由于在单斜相中与七个氧原子配位的 Bi^{3+} 只能显示可见光区的 PL，因此还原相中

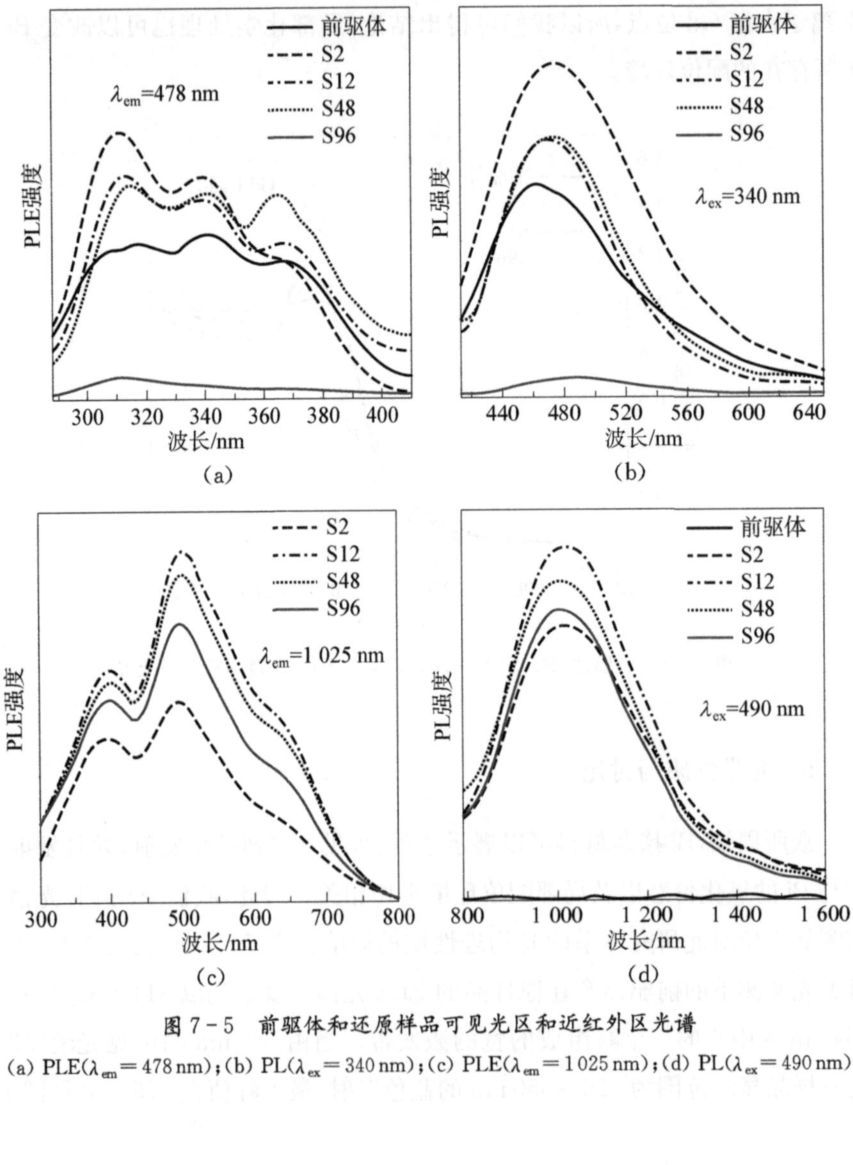

图 7-5 前驱体和还原样品可见光区和近红外区光谱

(a) PLE(λ_{em} = 478 nm)；(b) PL(λ_{ex} = 340 nm)；(c) PLE(λ_{em} = 1025 nm)；(d) PL(λ_{ex} = 490 nm)

NIR 发射的发生可以与缺陷的 Bi—O 多面体相联系。在所有样品中，S12 样品显示最强的 NIR PL，表明氧空位的含量对于 NIR 发射是至关重要的。这可以由决定 PL 强度的几个参数(发射中心的数量、量子产率和吸收截面)来解释。

图 7－6 是 S12 样品的二维激发和发射光谱。图中清楚地显示 S12 样品具有超宽带 NIR 发射，发射中心在 1 025 nm，最佳激发带在 490 nm，弱激发带在 660 nm。据我们所知，这是关于观察 Bi 掺杂含 Gd 系统的 NIR 发射首次报道的荧光粉。我们认为，通过使用局部化学还原反应策略可进一步优化该系统的发射性质或开发出其他类型的 Bi 掺杂含 Gd 氧缺陷材料，也为开发一系列多模态生物标记物打开了大门。

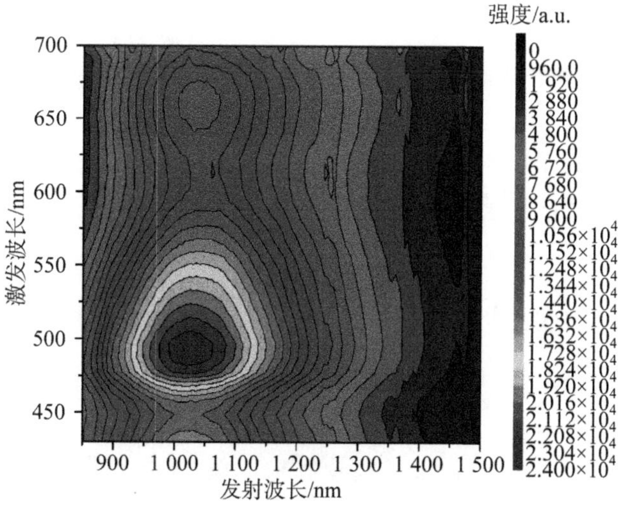

图 7－6　S12 样品的二维激发和发射光谱(彩图见附录)

7.4　本章小结

(1) 在本章中，我们发现 Bi 掺杂 Gd_2O_3 的局部化学还原产生一类新的发光材料，并且表现出超高的 NIR PL，可以覆盖生物窗口 Ⅱ，这是由于 NIR 发光中心[BiO_x]($x<7$)的产生。

(2) 基质中氧空位的出现导致 Bi 的配位环境从扭曲的[BiO_7]八面体配

位变成还原相中的[BiO_{7-z}]($z<7$)多面体。这种演化导致了还原相中超宽带 NIR PL 的出现。

(3) 我们通过热重(TG)分析、拉曼光谱、X 射线吸收光谱以及可见光和 NIR PL 光谱等分析手段,研究了 Bi 掺杂氧缺陷的氧化钆中不寻常的发光行为。鉴于来自还原相超宽的近红外发射,预期该新颖的系统可以应用于体外/体内近红外荧光在生物窗口Ⅱ中的成像。

此外,我们还预期可以通过使用局部化学还原反应策略开发出更多具有优异发光性能的体系。

第8章 基于拓扑化学反应原理调制的 $Sr_3WO_6:Mn^{4+}$ 深红光发射荧光粉

功能材料的发展得益于合成方法的进步。拓扑化学还原反应是探索新型功能材料最有效的方法之一，它能在低温诱导条件下制备出具有高度不寻常氧化态和几何配位的复杂过渡金属氧化物，包括超导体[125]、石墨烯[126]和各种光电材料[127]，因此，拓扑还原反应在固态化学领域受到了极大的关注。CaH_2 和一些特殊金属(如 Al 和 Ti)通常作为还原剂进行拓扑还原反应。本章报道了以远端 Al 粉为吸氧剂，通过低温拓扑还原法实现 Mn^{4+} 掺杂氧化物基荧光粉红光发射的增强。

8.1 基本理论

已有文献报道了以 CaH_2 为吸氧剂，通过低温拓扑还原法在还原相中随机分布氧空位，实现 Bi^{3+} 掺杂荧光粉从可见光到近红外光的转化[128]。然而，使用 CaH_2 会引入由于接触型反应而产生的杂相，同时也需要一个复杂的清洗过程来去除残留的 CaH_2 和反应残渣。与此形成鲜明对比的是，使用非接触式的 Al 还原能避免以上弊端。Hou 等[129]使用 Al 还原方法制备 $Ca_{11}(SiO_4)_4(BO_3)_2:Ce^{3+}/Eu^{2+}/Eu^{3+}$ 荧光粉，文献报道了 Al 的远程还原能够在非常宽的温度范围(300～1 000℃)内实现对荧光粉的光谱调控。尽管如此，据我们所知，使用 Al 还原剂的局域规整反应来探索发光材料的报道是非常有限的。

近年来，过渡金属 Mn^{4+} 掺杂氟化物荧光粉由于存在与 Mn^{4+} 的 $3d^3$ 电子构型相关的宽带激发和窄带发射，作为一种有前途的红色荧光粉受到越来越多的关注[130]。然而，这类 Mn^{4+} 掺杂的氟化物荧光粉大多通过液相合成路线制备，产量少，这在很大程度上限制了它们的生产，而且还存在成本和安全问题。因此，相关学者转向研究 Mn^{4+} 掺杂的氧化物基荧光粉，即可以通过传统的高温反应进行制备。到目前为止，已开发出了一系列新型 Mn^{4+} 掺杂氧化物荧光粉，如 $CaAl_{12}O_{19}$：Mn^{4+}[131-134]、Mg_2TiO_4：Mn^{4+}[26,135]、$CaZrO_3$：Mn^{4+}[136]等。尽管人们仍在努力开发新的 Mn^{4+} 掺杂的氧化物基荧光粉，但它们的发光特性，无论是发射强度、量子产率还是发光位置，都无法与氟化物相比。因此，寻找有效的合成路径制备量子产率高、掺杂水平高的 Mn^{4+} 掺杂氧化物基荧光粉已成为迫切需要。

当掺杂剂与主体阳离子之间存在半径不匹配时，就不可避免地会引起化学压力。已有研究表明，化学压力可能影响取代型掺杂体系的光物理性质，如掺杂外离子的荧光粉或激光晶体[137]。因此，针对掺杂水平低和量子产率低等问题，相关学者已经做了大量研究，并制订了可行的方案来释放化学压力。Mn^{4+} 通常存在于固体的八面体位置，其光学性能受局部晶体场环境的影响较大[138]。

基于前人的研究，我们选择 Mn^{4+} 掺杂的双钙钛矿结构 Sr_3WO_6（缩写为 SWO:Mn^{4+}）为前驱体，用金属 Al 粉代替 CaH_2 为吸氧剂抽取其中的氧。使用 X 射线衍射(XRD)、激发光谱、发射光谱、拉曼散射分析和 X 射线光电子能谱对 SWO:Mn^{4+} 及其还原产物的结构和光物理性质进行深入研究。实验结果表明，化学压力释放可以通过形成一定量的氧空位来实现，从而使结构稳定的低温相变成高发光相，实现发光强度的增加。

8.2 荧光粉的制备

第一步，Sr_3WO_6:xMn^{4+}(x = 0.001，0.003，0.005，0.007，0.01)荧光粉样品通过固相反应法合成。将 $SrCO_3$（分析纯）、WO_3（分析纯）、$MnCO_3$（分析纯）原材料按化学计算比称量，置于玛瑙研钵中，混匀，转移至马弗炉中在 1 300℃空气气氛中煅烧 8 h。待产物冷却至室温后，研磨成粉末。第二步，将

第一步合成的 $Sr_3WO_6:0.005Mn^{4+}$ 与 Al 粉按质量比 1∶0.3 进行称重，分别置于氧化铝坩埚舟中，将两个坩埚舟转移到双温区管式炉中，在真空气氛下加热(600～900℃)反应 8 h。待产物冷却后进行研磨以待后续测试。样品用 Al - T 表示，其中 T 代表处理温度(℃)。$Sr_3WO_6:0.005Mn^{4+}/yM$ (M = Li^+，Na^+，K^+)荧光粉的电荷补偿样品通过上面提到的传统固相法进行制备。

8.3 实验结果与讨论

本部分内容主要讨论了 Mn^{4+} 掺杂 Sr_3WO_6 荧光粉的物相结构，并对其光学性能、X 射线光电子能谱和拉曼光谱进行了分析。

8.3.1 物相结构分析

图 8 - 1(a)是不同浓度的 Mn^{4+} 掺杂 Sr_3WO_6 荧光粉(简写为 SWO: $x$$Mn^{4+}$，$Mn^{4+}$ 的浓度 x 从 0.001 到 0.01 变化)的 XRD 图，所有样品的 XRD 图都与标准卡片(JCPDS＃28 - 1259)相吻合，说明在 Mn^{4+} 掺杂后的产物中没有检测到杂质。如图 8 - 1(b)所示，Sr_3WO_6: 0.005 Mn^{4+}/yM (M = Li^+，Na^+，K^+)荧光粉的 XRD 图与报道的标准卡片(JCPDS＃28 - 1259)数据吻合较好，说明 Mn^{4+} 和 M 离子(M = Li^+，Na^+，K^+)的掺杂不会造成任何明显的结构变化。图 8 - 1(c)是不同 Al 还原温度(600～900℃)下加热 6 h 的 Sr_3WO_6: 0.005Mn^{4+} 荧光粉的 XRD 图，其与标准卡片(JCPDS＃28 - 1259)相对应，这表明通过 Al 还原气氛处理后主晶相没有发生明显的变化。

SWO 荧光粉的结构是 $A_2B'B''O_6$ 型双钙钛矿，其中 A = B′ = Sr，B″ = W。它呈现岩盐型 B - 阳离子亚晶格，其中，SrO_6 和 WO_6 八面体交替出现[见图 8 - 1(d)]，Mn 离子占据八个配位点。SWO: Mn^{4+} 的晶格参数由 a = 8.361 Å，b = 8.288 Å，c = 8.211 Å，$\alpha=\beta=\gamma=89.78°$ 来决定。根据离子半径相似原则(W^{6+} 0.62 Å，Mn^{4+} 0.54 Å)，推测 Mn^{4+} 将取代 SWO 主晶格中的 W^{6+} 位点。

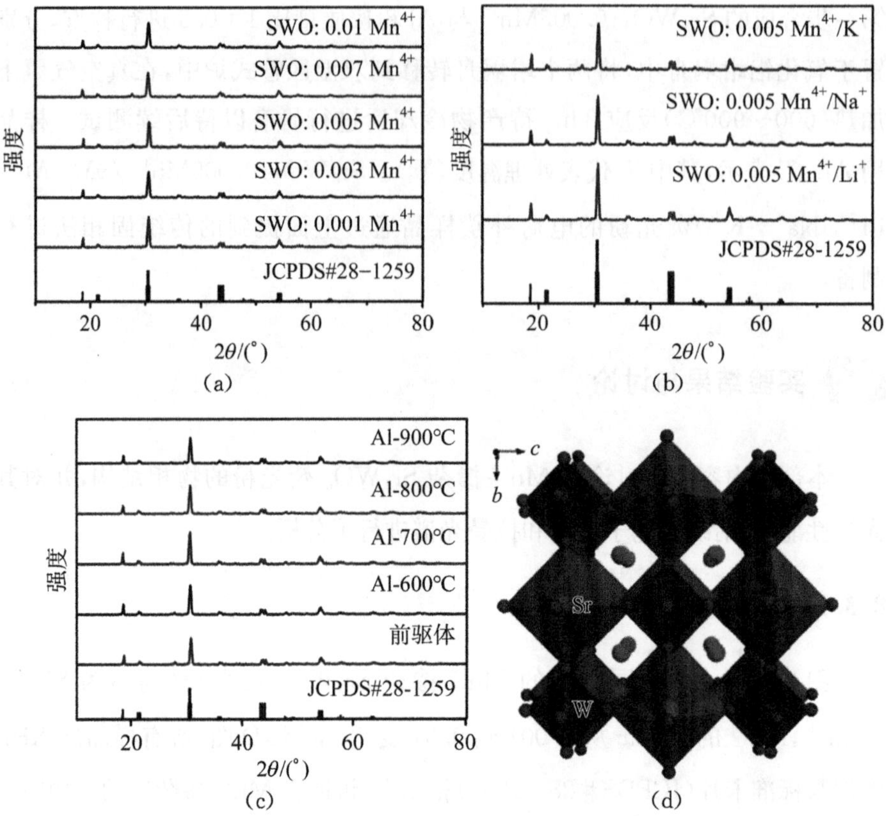

图 8-1 SWO 物相结构分析

(a) SWO: xMn^{4+}(x =0.001, 0.003, 0.005, 0.007, 0.01)的 XRD 图;(b) SWO:0.005 Mn^{4+}/$y\,M$ (M=Li$^+$, Na$^+$, K$^+$)的 XRD 图;(c) SWO:0.005Mn^{4+}荧光粉在 500～900℃、Al 还原 6 h 条件下的 XRD 图;(d) SWO 样品的晶体结构模拟图

8.3.2 SWO:Mn^{4+}荧光粉的光学性能研究

SWO:Mn^{4+}荧光粉在室温下的激发光谱、发射光谱,以及 Mn^{4+}掺杂浓度与发光强度之间的关系如图 8-2 所示。Mn 属于过渡金属并且具有许多价态(如+2,+3,+4,+5,+6,+7),但是 Mn^{2+}通常在 450～610 nm 范围内有不同的发射带,Mn^{3+}、Mn^{5+}、Mn^{6+}主要表现近红外发射,Mn^{7+}不显示发射,因此,SWO:Mn^{4+}荧光粉的发射带源于 Mn^{4+}。在 330 nm 和 485 nm 激发下,SWO:Mn^{4+}荧光粉呈现深红色发射,在 600～750 nm 范围内的发射峰大约在 695 nm 处,这归因于 Mn^{4+}在八面体的不同晶格振动模式下的$^2E_g \rightarrow {}^4A_{2g}$电子

跃迁。在 695 nm 的监控波长下，SWO:Mn^{4+} 荧光粉的激发光谱在 250～550 nm 范围内，包含两个激发谱带。其中，250～420 nm 范围内的激发峰是由 O^{2-} →Mn^{4+} 的电荷转移(CT)和 Mn^{4+} 的$^4A_{2g}$→$^4T_{1g}$ 电子跃迁引起的；420～550 nm 范围内出现的谱带源于 Mn^{4+} 的$^4A_{2g}$→$^4T_{2g}$ 电子跃迁。

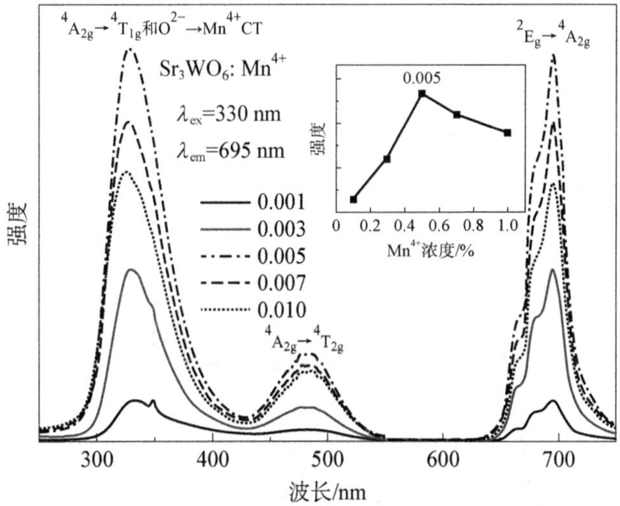

图 8-2 SWO:Mn^{4+} 荧光粉在不同 Mn^{4+} 浓度下的激发和发射光谱(插图为 Mn^{4+} 浓度与发射强度的关系)

从图 8-2 中的插图可以清晰地看出，Mn^{4+} 的最佳掺杂摩尔浓度约为 0.5%。在 0.1%～1%范围内，SWO:Mn^{4+} 荧光粉的发光强度随着 Mn^{4+} 浓度的增加而增加，当掺杂浓度增大到 0.5%时，继续增大 Mn^{4+} 的掺杂浓度，发光强度逐渐降低，前者主要归因于 Mn^{4+} 之间的距离，发光强度与 Mn^{4+} 的浓度成正比，而后者可能是由于 Mn^{4+} 的浓度猝灭。随着 Mn^{4+} 浓度的增加，SWO:Mn^{4+} 荧光粉中 Mn^{4+} 之间的平均距离变短，其中非辐射弛豫和交叉能量传递占据主导地位，因此，当 Mn^{4+} 的掺杂浓度超过 0.5%时，SWO:Mn^{4+} 荧光粉的发光强度降低。

图 8-3 是 SWO:Mn^{4+} 荧光粉样品在加入不同碱金属后的激发和发射光谱。在 330 nm 激发下，当引入碱金属离子 Li^+、Na^+、K^+ 后，可以观察到 Mn^{4+} 的发光强度增加，且 K^+ 作为补偿体效果最好，是前驱体的 2.5 倍。这是由于 Mn^{4+} 取代主晶格中的 W^{6+}，在 SWO 结构中产生电荷不平衡，这就可

能导致 SWO 主晶格的缺陷，进而导致发光强度降低。Li^{+}、Na^{+}、K^{+}的引入可以补偿多余的正电荷，释放禁阻跃迁，从而增加基体发光强度且不会在主晶格中产生任何杂质。此外，碱金属离子与 W^{6+} 半径的差异导致了 Mn^{4+} 晶体场周围环境对称性的变化，这种对称性的变化可能提高发光强度。因此，由于碱金属离子半径与 W^{6+} 相比有较大的差异，不同碱金属的加入会不同程度地增加其发光强度。

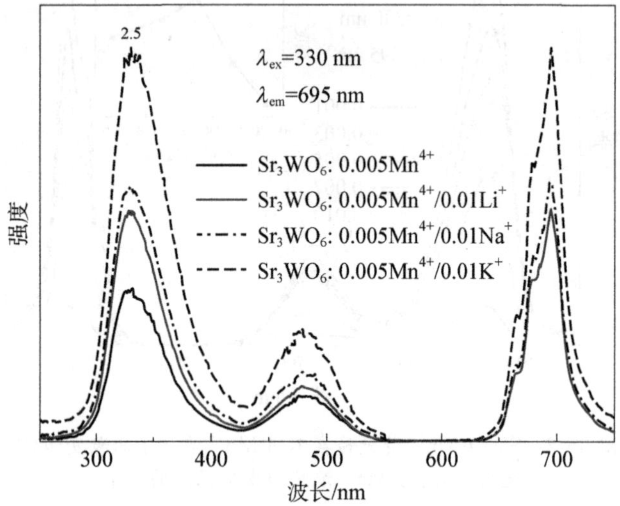

图 8-3 SWO:Mn^{4+} 荧光粉在不同电荷补偿离子条件下的激发和发射光谱

图 8-4 所示是 SWO:0.005Mn^{4+}荧光粉在不同 Al 还原温度下的激发和发射光谱。从图中可以看出，与前驱体的激发和发射光谱相比，通过 Al 还原气氛处理的样品，其光谱形状及发光位置几乎没有变化。然而，随着 Al 还原温度逐渐升高，Mn^{4+} 的发射强度逐渐增加。当 Al 还原温度为 800℃时，其发射强度达到最大值，此时，相对发光强度是前驱体的 3.8 倍。从图 8-4 的插图中也可以看出，随着温度的升高，样品的红光发射逐渐增强，当 Al 还原温度为 800℃时，发光最亮，这与光谱的结论相一致。此外，从光谱图中的峰位可以推测 Al 粉没有将发光中心 Mn^{4+} 还原成 Mn^{2+}，而且据我们所知，SWO 的八面体结构中并没有适合 Mn^{2+} 存在的晶格位点。

SWO:Mn^{4+} 系列样品的量子产率根据 Moreno 描述的方法进行计

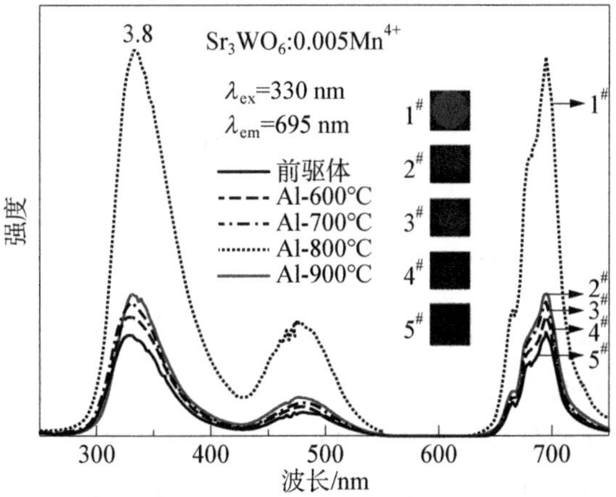

图 8-4　SWO: Mn^{4+} 荧光粉样品在不同 Al 还原条件下的激发和发射光谱(附图为 SWO: Mn^{4+} 荧光粉样品在 365 nm 紫外灯激发下点亮的照片,彩图见附录)

算[139],表 8-1 列出了所有样品的量子产率,简言之,由这种方法得到的量子产率是通过直接激发时的内量子产率、吸收率以及间接激发时的内量子产率决定的。样品的量子产率通过以下关系式计算:

$$\varphi=\varphi_d-(1-A_d)\varphi_i \tag{8-1}$$

式中, φ_d 是直接激发时的内量子产率(内量子产率=荧光量/吸收的激发光量);A_d 是直接激发时的吸收率(样品吸收的激发光的比值);φ_i 是间接激发时的内量子产率。通过计算得出前驱体在 800℃ 还原条件下的量子产率是 20.4%,大约是前驱体量子产率的 4.1 倍,其量子产率的测试结果与光谱的强度变化一致。

表 8-1　SWO: Mn^{4+} 系列荧光粉的量子产率

样品	λ_{ex}/nm	量子产率/%
$Sr_3WO_6:Mn^{4+}$	330	4.90
$Sr_3WO_6:Mn^{4+}/Li^+$	330	7.40
$Sr_3WO_6:Mn^{4+}/Na^+$	330	8.20
$Sr_3WO_6:Mn^{4+}/K^+$	330	12.20
Al-600℃	330	5.80

（续表）

样品	λ_{ex}/nm	量子产率/%
Al-700℃	330	6.20
Al-800℃	330	20.40
Al-900℃	330	7.70

结果表明，电荷补偿和 Al 还原反应都能提高 SWO:Mn^{4+} 的量子产率，Al 还原的效果更明显，根据局域规整反应的原理，推测产生这样的结果是由于前驱体在 Al 还原处理气氛中，SWO 晶格中微量的氧原子被剥夺了，从而产生了氧空位，使主晶格内部的化学压力得以释放，进而提高荧光粉的发光强度。在后文中，我们将通过拉曼光谱和 XPS 进一步对氧空位进行深入研究。

8.3.3 X 射线光电子能谱分析

为了对 Al 还原反应的机理做进一步探讨，采用 X 射线光电子能谱(XPS)对 Al 还原前后的样品进行分析。图 8-5 是还原前后 W 的 4f 壳层能谱，从图中可以看出，钨离子的谱线是多峰重叠，且 W 4f 壳层的峰值随着热处理温度的增加，峰值发生轻微的低能量偏移。其中，前驱体的峰位分别位于 35.08 eV 和 37.48 eV 位置，分别对应于 W^{6+} 的 $4f_{7/2}$ 和 $4f_{5/2}$ 峰；当 Al 还原

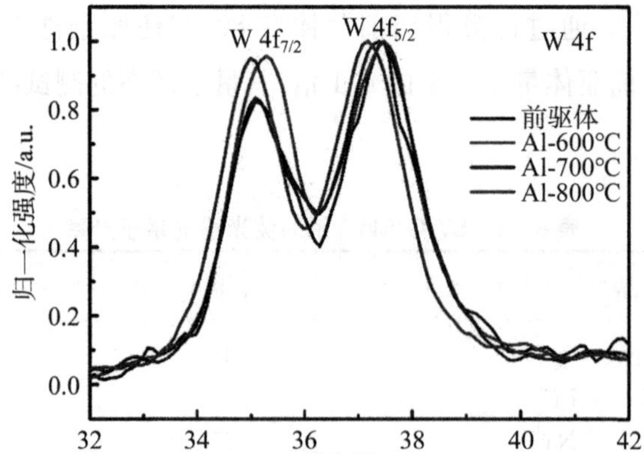

图 8-5 SWO:Mn^{4+} 还原前后各样品的 W 4f 壳层的 XPS 能谱(彩图见附录)

温度升高到 800℃时，其峰位分别位于 34.98 eV 和 37.18 eV 处，分别对应于 W^{5+} 的 $4f_{7/2}$ 和 $4f_{5/2}$ 峰[140]。这说明 Al 还原反应将晶格结构中高价态的 W^{6+} 还原成 W^{5+}。

如图 8-6 所示，通过 XPS 对前驱体以及不同 Al 还原温度系列样品 O 1s 壳层进行分析，可以从能谱中清晰地看出，在 527.8 eV 处出现的峰可以归结为 SWO 结构中的骨架氧，而在 531.6 eV 附近出现的峰可以归结于氧空位附近的氧原子，且随着 Al 还原温度的升高，O 峰的位置发生轻微的低能量偏移，其结果表明 Al 还原气氛处理后的样品在 SWO 主晶格中产生 O 空位，随着 Al 还原温度的变化，氧空位的浓度随之发生变化，而且氧空位浓度的增加有利于化学压力的释放，从而影响发光强度。O 空位的出现可能是前驱体经过 Al 还原处理后的主要结果。

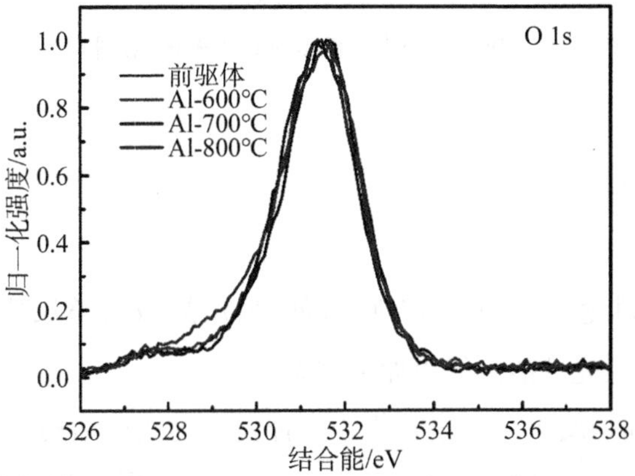

图 8-6　SWO:Mn^{4+} 各样品还原前后的 O 1s 壳层的 XPS 图(彩图见附录)

8.3.4　拉曼光谱分析

图 8-7 是 SWO:Mn^{4+} 各样品的拉曼光谱，随着 Al 还原温度的升高，还原程度逐步加深，拉曼光谱的强度随之增加，特别是在 $T=700$℃时的样品，其强度达到最大值，这就反映出 SWO 中产生氧空位的无序性。同时，我们认为拉曼光谱的强度还与极化率有很大的关系。随着原子间距的增大，极化率随之增加，进而使拉曼光谱的强度增加。结合 XPS 测试结果分析，Al 还原导

致样品中产生了氧空位。氧空位的出现导致中心离子的化学压力得以释放，原子间距变大，最后促使发光强度增加。

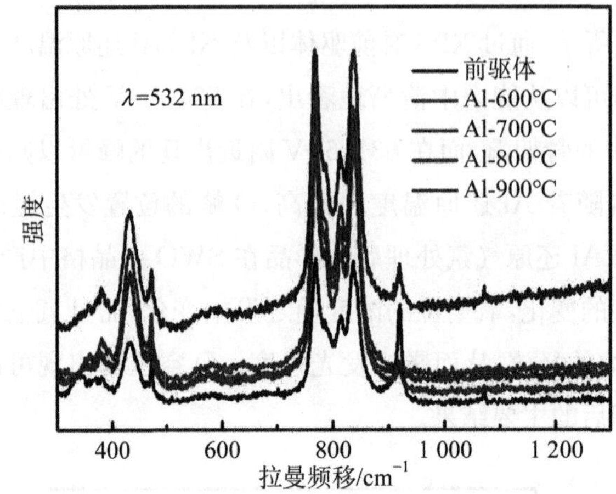

图 8-7 SWO:Mn^{4+} 各样品的拉曼光谱(彩图见附录)

8.4 本章小结

本章主要讨论了以 Al 粉为吸氧剂，采用局域规整反应调控 Sr_3WO_6:Mn^{4+} 荧光粉的发光性能。得出如下结论：

(1) 采用固相反应合成法制备了一种复合钙钛矿结构的 Sr_3WO_6:Mn^{4+} 红色荧光粉，这种荧光粉材料在 250～550 nm 范围内出现两个激发峰，在 330 nm 激发下，在大约 695 nm 处出现最强红光发射；通过调节 Mn^{4+} 的掺杂摩尔浓度，当 Mn^{4+} 掺杂量为 0.5%时，得到最强红光发射。

(2) 通过电荷补偿法，即引入金属阳离子 Li^+、Na^+、K^+ 等，实现了 SWO:Mn^{4+} 荧光粉的发光强度提升，这是由于金属阳离子弥补了晶格中缺失的正电荷，从而提高发光强度，当引入 K^+ 时，其发光强度达到了前驱体的 2.5 倍。

(3) 通过局域规整反应对所制备的 SWO:Mn^{4+} 做进一步改性处理，结果表明，Al 还原反应明显改善了前驱体的发光性能，而且在 800℃的 Al 还原条件下，所得样品的发光强度达到最大值，是前驱体的 3.8 倍，量子产率从 4.9%提高到了 20.4%，效果明显高于电荷补偿的结果。结合 XRD 物相分析、XPS 分析以及拉曼光谱分析，推测 Al 还原处理没有改变 Mn 元素的价态，也没有破坏主晶格的晶体结构，而是在主晶格上抽取一部分氧，形成了氧空位，使中心离子的化学压力得以释放，从而提高其发光强度，而且 Al 还原产生氧空位是随机发生的。

实验结果表明，氧空位的出现对改善发光强度至关重要，化学压力的释放可将发光效率较低的暗发光体转化为发光效率较高的高亮发光体。本研究为制备发光性能优异的荧光粉提供了一种全新的方法。

第9章 总结与展望

基于温和、高效的制备方法，实现发光材料的还原制备及光谱调控，可以帮助我们开发新型发光材料，并对其性能进行优化提升。本书对基于拓扑化学反应法制备的面向生物成像、白光 LED 应用的新型发光材料进行了系统的介绍，并得出以下结论。

9.1 总结

(1) 采用单质 Al 作为还原剂，通过拓扑化学还原反应策略成功地开发了一系列 Eu^{2+}/Mn^{2+} 共掺杂的 $Ca_9Ln(PO_4)_7$ ($Ln = La, Lu, Gd$) 荧光粉。由于拓扑化学反应在结构中制造了氧空位，对 Eu^{2+} 的周围晶体场环境产生了影响，有效改善能量供体的量子产率，获得了高 PLQY 白光。

(2) 采用以 Al 粉为还原剂的拓扑化学反应法制备了具有高显色指数的单相白光 $Ca_{11}(SiO_4)_4(BO_3)_2:Ce^{3+}/Eu^{2+}/Eu^{3+}$ 荧光粉。通过拓扑化学反应对样品中的 O 原子进行调控，改变 Ce^{3+} 和 Eu^{2+} 周围的晶体场环境，改善其发光强度，并通过控制 Al 还原 Eu^{3+} 的反应温度和反应时间来调节荧光粉的红光组分强度和比例。

(3) 采用以 Al 粉为还原剂的拓扑化学反应法制备了宽光谱的 $Ca_2Si_4O_7F_2:xEu^{2+}$ 单相白光荧光粉。通过对样品中的 O 原子进行调控以达到对 $Ca_2Si_4O_7F_2$ 晶体结构的局域规整，从而实现对荧光粉进行发光强度以及光谱形状的调控，最终得到一种超宽光谱发射的单相白光荧光粉。

(4) 采用固相反应法合成前驱体 $Na_5Y_4(SiO_4)_4F$:0.01Eu^{3+}荧光粉，通过对拓扑化学反应温度和时间的调控，制备出发光性能优异的单相白光发射荧光粉。随着反应温度和反应时间的增加，F^- 逐渐被剥夺，反应温度为 1 000℃，反应时间为 4 h 时，F^- 被完全剥夺，为 $NaYSiO_4$ 的相。基于温度调控和时间调控，在 365 nm 和 335 nm 激发下，样品实现了白光发射。

(5) 使用 CaH_2 作为还原剂的拓扑化学反应，制备了铋掺杂的氧化镥发光材料。通过拓扑化学反应在结构中制造氧空位的方式，实现了结构中化学压力的释放，而将较低效率的暗发射体转化为高亮度发光物质，这种策略可以扩展到其他受化学压力困扰的荧光材料的发光性能优化上。

(6) 使用 CaH_2 作为还原剂的拓扑化学反应，制备了铋掺杂的氧化钆发光材料。由于拓扑化学反应在结构中引入了氧空位，从而实现了铋的局域配位环境调节，进而实现了铋离子由可见到近红外的发光调制。这种超宽光谱的近红外发射荧光材料有望在近红外生物窗口Ⅱ成像中获得应用。

(7) 采用固相反应法合成前驱体 Sr_3WO_6:Mn^{4+}荧光粉，通过拓扑化学反应在不同还原温度下制备出一系列发光性能优异的红光发射荧光粉。Al 还原后的样品，其发光强度实现提升，在 800℃还原条件下的发光强度是前驱体的 3.8 倍，其量子产率从 4.9%提升到 20.4%。

9.2 展望

长期以来，人们总是被动地接收光，而特殊波段的光并不容易主动获得。人们通过使用发光材料来实现光转换，以此来主动获得特定波段的光。发光材料的使用是我们主动获取和利用光的重要途径。对于新型发光材料的探索，也可以帮助我们实现更多、更优的光功能，从而进一步推动人类生活品质的提升和社会的发展。

材料的结构决定了材料的性能。对于发光材料而言，局域结构及晶体场环境对其发光性能起到了决定性的作用。长期以来，发光材料的开发和性能优化受益于其制备技术。随着新型制备技术的持续推广，必定会开发出越来越多新型、优质的发光材料，从而推动光功能器件的发展，使其更好地服务于人类社会。

参考文献

[1] Xia Z, Xu Z, Chen M, et al. Recent developments in the new inorganic solid-state LED phosphors[J]. Dalton Transactions, 2016, 45(28): 11214 - 11232.

[2] Li G, Tian Y, Zhao Y, et al. Recent progress in luminescence tuning of Ce^{3+} and Eu^{2+}-activated phosphors for pc-WLEDs[J]. Chemical Society Reviews, 2015, 44(23): 8688 - 8713.

[3] Hu S, Lu C, Zhou G, et al. Transparent YAG: Ce ceramics for WLEDs with high CRI: Ce^{3+} concentration and sample thickness effects[J]. Ceramics International, 2016, 42(6): 6935 - 6941.

[4] 来华.纳米稀土磷酸盐发光材料的合成以及发光性能的研究[D].长春:吉林大学,2009.

[5] Poort S H M, Janssen W, Blasse G. Optical properties of Eu^{2+}-activated orthosilicates and orthophosphates[J]. Journal of Alloys and Compounds, 1997, 260(1 - 2): 93 - 97.

[6] Barry T L. Fluorescence of Eu^{2+} activated phases in pinary alkaline earth orthosilicate systems[J]. Journal of the Electrochemical Society, 1968, 115(11): 1181.

[7] 张吉林,孙德慧,洪广言. Gd_2O_3: RE^{3+} (RE: Eu, Tb)纳米棒的合成与表征[J].功能材料,2010(5): 907 - 910.

[8] 刘春旭,张家骅,吕少哲,等.纳米 Gd_2O_3: Eu^{3+} 中 Judd-Ofelt 参数的实验确定[J].物理学报,2004,53(11):3945 - 3949.

[9] 谢平波,张慰萍.纳米 Ln_2O_3: Eu(Ln=Gd, Y)荧光粉的燃烧法合成及其光致发光性质[J].无机材料学报,1998,13(1): 53 - 58.

[10] Yen W M, Shionoya S, Yamamoto H. Phosphor handbook[M]. 2nd ed. Boca Raton: CRC Press, 2006.

[11] Yin X, Wang Y, Huang F, et al. Excellent red phosphors of double perovskite

Ca_2LaMO_6: Eu (M = Sb, Nb, Ta) with distorted coordination environment [J]. Journal of Solid State Chemistry, 2011, 184(12): 3324 - 3328.

[12] Zhang C, Huang S, Yang D, et al. Tunable luminescence in Ce^{3+}, Mn^{2+}-codoped calcium fluorapatite through combining emissions and modulation of excitation: a novel strategy to white light emission[J]. Journal of Materials Chemistry, 2010, 20(32): 6674 - 6680.

[13] Dorenbos P. The $4f^n$ $4f^{n-1}5d$ transitions of the trivalent lanthanides in halogenides and chalcogenides[J]. Journal of luminescence, 2 000, 91(1 - 2): 91 - 106.

[14] Liu W R, Chiu Y C, Yeh Y T, et al. Luminescence and energy transfer mechanism in $Ca_{10}K(PO_4)_7$: Eu^{2+}, Mn^{2+} phosphor [J]. Journal of the Electrochemical Society, 2009, 156(7): J165.

[15] Shang M, Li G, Kang X, et al. LaOF: Eu^{3+} nanocrystals: hydrothermal synthesis, white and color-tuning emission properties[J]. Dalton Transactions, 2012, 41(18):5571 - 5580.

[16] Liu X, Li C, Quan Z, et al. Tunable luminescence properties of $CaIn_2O_4$:Eu^{3+}: Eu phosphors[J]. The Journal of Physical Chemistry C, 2007, 111(44):16601 - 16607.

[17] Tian G, Gu Z, Zhou L, et al. Mn^{2+} dopant-controlled synthesis of NaYF4: Yb/Er upconversion nanoparticles for in vivo imaging and drug delivery [J]. Advanced Materials, 2012, 24(9): 1226 - 1231.

[18] Hao Y, Wang Y. Luminescent properties of Zn_2SiO_4: Mn^{2+} phosphor under UV, VUV and CR excitation[J]. Journal of luminescence, 2007, 122: 1006 - 1008.

[19] Ye S, Xiao F, Pan Y X, et al. Phosphors in phosphor-converted white light-emitting diodes: recent advances in materials, techniques and properties[J]. Materials Science and Engineering, 2010, 71(1): 1 - 34.

[20] Huang C H, Liu W R, Chen T M. Single-phased white-light phosphors $Ca_9Gd(PO_4)_7$: Eu^{2+}, Mn^{2+} under near-ultraviolet excitation[J]. The Journal of Physical Chemistry C, 2010, 114(43): 18698 - 18701.

[21] Guo N, You H, Song Y, et al. White-light emission from a single-emitting-component $Ca_9Gd(PO_4)_7$: Eu^{2+}, Mn^{2+} phosphor with tunable luminescent properties for near-UV light-emitting diodes [J]. Journal of Materials Chemistry, 2010, 20(41): 9061 - 9067.

[22] Wang Z, Zhou Y, Yang Z, et al. Synthesis of K_2XF_6: Mn^{4+} (X = Ti, Si and Ge) red phosphors for white LED applications with low-concentration of HF [J]. Optical Materials, 2015, 49: 235 - 240.

[23] Jiang X, Pan Y, Huang S, et al. Hydrothermal synthesis and photoluminescence properties of red phosphor $BaSiF_6$: Mn^{4+} for LED applications[J]. Journal of

Materials Chemistry C, 2014, 2(13): 2301 - 2306.
[24] Chen H. Light emitting diode emitting red, green and blue light: US, 5952681 [P]. 1999 - 09 - 14.
[25] Thorington L. Temperature dependence of the emission of an improved manganese-activated magnesium germanate phosphor[J]. Journal of the Optical Society of America, 1950, 40(9): 579 - 583.
[26] Medic M M, Brik M G, Drazic G, et al. Deep-red emitting Mn^{4+} doped Mg_2TiO_4 nanoparticles[J]. The Journal of Physical Chemistry C, 2015, 119(1): 724 - 730.
[27] Brik M G, Srivastava A M. On the optical properties of the Mn^{4+} ion in solids [J]. Journal of Luminescence, 2013, 133: 69 - 72.
[28] Adachi S, Takahashi T. Direct synthesis and properties of K_2SiF_6: Mn^{4+} phosphor by wet chemical etching of Si wafer[J]. Journal of Applied Physics, 2008, 104(2): 023512.
[29] Sadler P J, Li H, Sun H. Coordination chemistry of metals in medicine: target sites for bismuth[J]. Coordination Chemistry Reviews, 1999, 185: 689 - 709.
[30] Liu B M, Yong Z J, Zhou Y, et al. Creation of near-infrared luminescent phosphors enabled by topotactic reduction of bismuth-activated red-emitting crystals[J]. Journal of Materials Chemistry C, 2016, 4(40): 9489 - 9498.
[31] Gaft M, Reisfeld R, Panczer G. Modern luminescence spectroscopy of minerals and materials[M]. Heidelberg: Springer, 2015.
[32] Hamstra M A, Folkerts H F, Blasse G. Materials chemistry communications: red bismuth emission in alkaline-earth-metal sulfates[J]. Journal of Materials Chemistry, 1994, 4(8): 1349 - 1350.
[33] Topol L E, Yosim S J, Osteryoung R A. E. M. F. measurements in molten bismuth-bismuth trichloride solutions[J]. The Journal of Physical Chemistry, 1961, 65(9): 1511 - 1516.
[34] Bjerrum N J, Davis H L, Smith G P. The optical spectrum of bismuth (Ⅰ) in the molten aluminum bromide-sodium bromide eutectic [J]. Inorganic Chemistry, 1967, 6(8): 1603 - 1604.
[35] Boston C R, Smith G P. Spectra of dilute solutions of bismuth metal in molten bismuth trihalides. Ⅰ. evidence for two solute species in the system bismuth-bismuth trichloride[J]. The Journal of Physical Chemistry, 1962, 66(6): 1178 - 1181.
[36] Boston C R, Smith G P, Howick L C. Spectra of dilute solutions of bismuth metal in molten bismuth trihalides. Ⅱ. formulation of solute equilibrium in bismuth trichloride[J]. The Journal of Physical Chemistry, 1963, 67(9): 1849 - 1852.

[37] 孙庆琳,刘昌,荆雪蒙,等. 微波固相反应中助熔剂对 $SrMoO_4$:Tb^{3+} 结构和发光性能的影响[J]. 中国照明电器,2018(3):1-5.

[38] 高宇波. 喷雾热分解法制备钛酸钡粉体的研究[D]. 长沙:中南大学,2009.

[39] Hayward M A, Green M A, Rosseinsky M J, et al. Sodium hydride as a powerful reducing agent for topotactic oxide deintercalation: synthesis and characterization of the nickel (Ⅰ) oxide $LaNiO_2$[J]. Journal of the American Chemical Society, 1999, 121(38): 8843-8854.

[40] Yamamoto T, Kageyama H. Hydride reductions of transition metal oxides [J]. Chemistry Letters, 2013, 42(9): 946-953.

[41] 章开. 局域规整反应调控铋激活发光材料的研究[D]. 上海:上海应用技术大学,2017.

[42] Kaur Behrh G, Serier-Brault H, Jobic S, et al. A chemical route towards single-phase materials with controllable photoluminescence[J]. Angewandte Chemie International Edition, 2015, 54(39), 11501-11503.

[43] Wang Z, Yang C, Lin T, et al. Visible-light photocatalytic, solar thermal and photoelectrochemical properties of aluminium-reduced black titania[J]. Energy & Environmental Science, 2013, 6(10): 3007-3014.

[44] Lin N, Han Y, Zhou J, et al. A low temperature molten salt process for aluminothermic reduction of silicon oxides to crystalline Si for Li-ion batteries [J]. Energy & Environmental Science, 2015, 8(11): 3187-3191.

[45] Yang C, Wang Z, Lin T, et al. Core-shell nanostructured "black" rutile titania as excellent catalyst for hydrogen production enhanced by sulfur doping[J]. Journal of the American Chemical Society, 2013, 135(47): 17831-17838.

[46] Li J, Zhang H, Wang P, et al. Luminescence properties of high-quality $Ca_2Si_5N_8$: Eu^{2+} phosphor: CaH_2-raw material[J]. ECS Journal of Solid State Science and Technology, 2013, 2(9): 165-168.

[47] Gautier R, Li X, Xia Z, et al. Two-step design of a single-doped white phosphor with high color rendering[J]. Journal of the American Chemical Society, 2017, 139(4): 1436-1439.

[48] Liu Y, Zhang X, Hao Z, et al. Tunable full-color-emitting $Ca_3Sc_2Si_3O_{12}$:Ce^{3+}/Mn^{2+} phosphor via charge compensation and energy transfer[J]. Chemical Communications, 2011, 47(38): 10677-10679.

[49] Li K, Xu M, Fan J, et al. Tunable green to yellowish-orange phosphor $Na_3LuSi_2O_7$:Eu^{2+}, Mn^{2+} via energy transfer for UV-LEDs[J]. Journal of Materials Chemistry C, 2015, 3(44): 11618-11628.

[50] Li K, Fan J, Shang M, et al. $Sr_2Y_8(SiO_4)_6O_2$:Bi^{3+}/Eu^{3+}: a single-component white-emitting phosphor via energy transfer for UV w-LEDs[J]. Journal of Materials Chemistry C, 2015, 3(38): 9989-9998.

[51] Tian Y, Wei Y, Zhao Y, et al. Photoluminescence tuning of $Ca_5(PO_4)_3Cl$: Ce^{3+}/Eu^{2+}, Tb^{3+}/Mn^{2+} phosphors: structure refinement, site occupancy, energy transfer and thermal stability[J]. Journal of Materials Chemistry C, 2016, 4(6): 1281-1294.

[52] Huang C H, Chen T M, Liu W R, et al. A single-phased emission-tunable phosphor $Ca_9Y(PO_4)_7$: Eu^{2+}, Mn^{2+} with efficient energy transfer for white-light-emitting diodes[J]. ACS Applied Materials & Interfaces, 2010, 2(1): 259-264.

[53] Huang C H, Wu P J, Lee J F, et al. $(Ca, Mg, Sr)_9Y(PO_4)_7$: Eu^{2+}, Mn^{2+}: phosphors for white-light near-UV LEDs through crystal field tuning and energy transfer[J]. Journal of Materials Chemistry, 2011, 21(28): 10489-10495.

[54] Hou J, Pan C, Chen X, et al. White-light-emitting from single-phased (Ca, Eu, $Mn)_9Al(PO_4)_7$ phosphor with blue-white-yellow tunable luminescence properties for UV-based LEDs[J]. Materials Technology, 2019, 34(3): 135-142.

[55] Zhang X, Wang Z, Shi J, et al. Luminescent properties and energy transfer of orange-emitting phosphor $Ca_{10}Na(PO_4)7$: Eu^{2+}, Mn^{2+} for NUV LEDs[J]. Materials Research Bulletin, 2014, 57: 1-5.

[56] Zhang J, Hua Z, Wen S. Luminescence of emission-tunable $Ca_{10}Li(PO_4)_7$: Eu^{2+}, Sr^{2+}, Mn^{2+} phosphors with various Eu^{2+} centers for LED applications [J]. Journal of Alloys and Compounds, 2015, 637: 70-76.

[57] Trevisani M, Ivanovskikh K V, Piccinelli F, et al. Interconfigurational 5d → 4f luminescence of Ce^{3+} and Pr^{3+} in $Ca_9Lu(PO_4)_7$ [J]. Journal of Physics: Condensed Matter, 2012, 24(38): 385502.

[58] Ma C G, Trevisani M, Piccinelli F, et al. Analysis of vacuum ultraviolet electronic spectra of Ce^{3+} and Pr^{3+} ions in $Ca_9Lu(PO_4)_7$: crystal-field calculations and simulation of optical spectra[J]. Journal of Physics: Condensed Matter, 2013, 25(16): 165503.

[59] Hu Z F, Meng T, Zhang W, et al. Preparation and luminescence properties of Dy^{3+}-doped full-color emitting $Ca_9Lu(PO_4)_7$ phosphors [J]. Acta Physico-Chimica Sinica, 2013, 29(10): 2271-2275.

[60] Ye S, Liu Z S, Wang J G, et al. Luminescent properties of $Sr_2P_2O_7$: Eu, Mn phosphor under near UV excitation[J]. Materials Research Bulletin, 2008, 43 (5): 1057-1065.

[61] Dexter D L, Schulman J H. Theory of concentration quenching in inorganic phosphors[J]. The Journal of Chemical Physics, 1954, 22(6): 1063-1070.

[62] Moreno L A. Absolute quantum yield measurement of powder samples[J]. Journal of Visualized Experiments, 2012 (63): e3066.

[63] Shang M, Li G, Geng D, et al. Blue emitting $Ca_8La_2(PO_4)_6O_2$: Ce^{3+}/Eu^{2+}

phosphors with high color purity and brightness for white LED: soft-chemical synthesis, luminescence, and energy transfer properties[J]. The Journal of Physical Chemistry C, 2012, 116(18): 10222 - 10231.

[64] Guo N, Zheng Y, Jia Y, et al. Warm-white-emitting from Eu^{2+}/Mn^{2+}-codoped $Sr_3Lu(PO_4)_3$ phosphor with tunable color tone and correlated color temperature [J]. The Journal of Physical Chemistry C, 2012, 116(1): 1329 - 1334.

[65] Chiang C C, Tsai M S, Hsiao C S, et al. Synthesis of YAG: Ce phosphor via different aluminum sources and precipitation processes[J]. Journal of Alloys and Compounds, 2006, 416(1 - 2): 265 - 269.

[66] Chen Y, Gong M, Wang G, et al. High efficient and low color-temperature white light-emitting diodes with $Tb_3Al_5O_{12}$: Ce^{3+} phosphor[J]. Applied Physics Letters, 2007, 91(7): 071117.

[67] Setlur A A, Heward W J, Gao Y, et al. Crystal chemistry and luminescence of Ce^{3+}-doped $Lu_2CaMg_2(Si, Ge)_3O_{12}$ and its use in LED based lighting[J]. Chemistry of Materials, 2006, 18(14): 3314 - 3322.

[68] Guo C, Luan L, Xu Y, et al. White light - generation phosphor $Ba_2Ca(BO_3)_2$: Ce^{3+}, Mn^{2+} for light-emitting diodes[J]. Journal of the Electrochemical Society, 2008, 155(11): J310.

[69] Chang C K, Chen T M. $Sr_3B_2O_6$: Ce^{3+}, Eu^{2+}: a potential single-phased white-emitting borate phosphor for ultraviolet light-emitting diodes[J]. Applied Physics Letters, 2007, 91(8): 081902.

[70] Liu W R, Huang C H, Wu C P, et al. High efficiency and high color purity blue-emitting $NaSrBO_3$: Ce^{3+} phosphor for near-UV light-emitting diodes [J]. Journal of Materials Chemistry, 2011, 21(19): 6869 - 6874.

[71] Zhang X, Seo H J. Thermally stable luminescence and energy transfer in Ce^{3+}, Mn^{2+} doped $Sr_2Mg(BO_3)_2$ phosphor[J]. Optical Materials, 2011, 33(11): 1704 - 1709.

[72] Sivakumar V, Varadaraju U V. $Ce^{3+} \rightarrow Eu^{2+}$ energy transfer studies on $BaMgSiO_4$: a green phosphor for three band white LEDs[J]. Journal of the Electrochemical Society, 2007, 154(5): J167.

[73] Wang D, Liu L. Green light-emitting phases induced by Al addition in full-color $Ba_3MgSi_2O_8$: Eu^{2+}, Mn^{2+} phosphor for white-light-emitting diodes [J]. Electrochemical and Solid State Letters, 2009, 12(5): H179.

[74] Ye X, Fang Y, Tong Z, et al. Crystal structure and luminescent properties of green phosphor $Ba_3Y_2(SiO_4)_3$: Eu^{2+} for LED applications[J]. Chemistry Letters, 2009, 38(11): 1116 - 1117.

[75] Chang C K, Chen T M. White light generation under violet-blue excitation from tunable green-to-red emitting $Ca_2MgSi_2O_7$: Eu^{2+}, Mn^{2+} through energy transfer

[J]. Applied Physics Letters, 2007, 90(16): 161901.

[76] Kim J S, Jeon P E, Choi J C, et al. Warm-white-light emitting diode utilizing a single-phase full-color $Ba_3MgSi_2O_8$: Eu^{2+}, Mn^{2+} phosphor[J]. Applied Physics Letters, 2004, 84(15): 2931 - 2933.

[77] Fletcher J G, Glasser F P. Phase relations in the system CaO-B_2O_3-SiO_2 [J]. Journal of Materials Science, 1993, 28(10): 2677 - 2686.

[78] Toby B H. EXPGUI, a graphical user interface for GSAS[J]. Journal of Applied Crystallography, 2001, 34(2): 210 - 213.

[79] Larson A C, Von Dreele R B. General structure analysis system[R]. Los Alamos: Los Alamos National Laboratory, 2000.

[80] Smith J V, Karle I L, Hauptman H, et al. The crystal structure of spurrite, $Ca_5(SiO_4)_2CO_3$. Ⅱ. description of structures[J]. Acta Crystallographica, 1960, 13(6): 454 - 458.

[81] Huang Y, Gan J, Seo H J. Luminescence investigation of Eu-activated $Sr_5(PO_4)_2SiO_4$ phosphor by combustion synthesis[J]. Journal of the American Ceramic Society, 2011, 94(4): 1143 - 1148.

[82] Tan Y, Shi C. $Ce^{3+}\rightarrow Eu^{2+}$ energy transfer in $BaLiF_3$ phosphor[J]. Journal of Physics and Chemistry of Solids, 1999, 60(11): 1805 - 1810.

[83] Song Y, Jia G, Yang M, et al. $Sr_3Al_2O_5Cl_2$: Ce^{3+}, Eu^{2+}: a potential tunable yellow-to-white-emitting phosphor for ultraviolet light emitting diodes[J]. Applied Physics Letters, 2009, 94(9): 091902.

[84] Ruelle N, Pham-Thi M, Fouassier C. Cathodoluminescent properties and energy transfer in red calcium sulfide phosphors (CaS: Eu, Mn)[J]. Japanese Journal of Applied Physics, 1992, 31(9R): 2786.

[85] You H, Zhang J, Hong G, et al. Luminescent properties of Mn^{2+} in hexagonal aluminates under ultraviolet and vacuum ultraviolet excitation[J]. The Journal of Physical Chemistry C, 2007, 111(28): 10657 - 10661.

[86] Zhan S, Gao Y Y, Liu Y X, et al. Enhancement of red to orange emission ratio of YPO_4: Eu^{3+}, Ce^{3+} and its dependence on Ce^{3+} concentration[J]. Journal of Rare Earths, 2012, 30(10): 995 - 999.

[87] Paulose P I, Jose G, Thomas V, et al. Sensitized fluorescence of Ce^{3+}/Mn^{2+} system in phosphate glass[J]. Journal of Physics and Chemistry of Solids, 2003, 64(5): 841 - 846.

[88] Hoffmann H, Yeager E. Pressure shock technique for the study of chemical relaxation[J]. Review of Scientific Instruments, 1968, 39(8): 1151 - 1155.

[89] Santara B, Giri P K, Dhara S, et al. Oxygen vacancy-mediated enhanced ferromagnetism in undoped and Fe-doped TiO_2 nanoribbons[J]. Journal of Physics D: Applied Physics, 2014, 47(23): 235304.

[90] Li H, Li J, Ai Z, et al. Oxygen vacancy-mediated photocatalysis of BiOCl: reactivity, selectivity, and perspectives[J]. Angewandte Chemie International Edition, 2018, 57(1): 122 - 138.

[91] Vijayaraghavan P, Liu C H, Vankayala R, et al. Designing multi-branched gold nanoechinus for NIR light activated dual modal photodynamic and photothermal therapy in the second biological window[J]. Advanced Materials, 2014, 26(39): 6689 - 6695.

[92] Tsai M F, Chang S H G, Cheng F Y, et al. Au nanorod design as light-absorber in the first and second biological near-infrared windows for in vivo photothermal therapy[J]. ACS Nano, 2013, 7(6): 5330 - 5342.

[93] Liu H, Chen D, Li L, et al. Multifunctional gold nanoshells on silica nanorattles: a platform for the combination of photothermal therapy and chemotherapy with low systemic toxicity[J]. Angewandte Chemie International Edition, 2011, 50(4): 891 - 895.

[94] Welsher K, Sherlock S P, Dai H. Deep-tissue anatomical imaging of mice using carbon nanotube fluorophores in the second near-infrared window [J]. Proceedings of the National Academy of Sciences, 2011, 108(22): 8943 - 8948.

[95] Zhang K, Hou J S, Liu B M, et al. Superbroad near-infrared photoluminescence covering the second biological window achieved by bismuth-doped oxygen-deficient gadolinium oxide[J]. RSC Advances, 2016, 6(82): 78396 - 78402.

[96] Hernden B C, Lussier J A, Bieringer M. Topotactic solid-state metal hydride reductions of Sr_2MnO_4[J]. Inorganic Chemistry, 2015, 54(9): 4249 - 4256.

[97] Hayward M A, Cussen E J, Claridge J B, et al. The hydride anion in an extended transition metal oxide array: $LaSrCoO_3H_{0.7}$[J]. Science, 2002, 295 (5561): 1882 - 1884.

[98] Choi S W, Hong S H, Kim Y J. Characterization of Ca_2SiO_4: Eu^{2+} phosphors synthesized by polymeric precursor process [J]. Journal of the American Ceramic Society, 2009, 92(9): 2025 - 2028.

[99] Wen J, Yeung Y Y, Ning L, et al. Effects of vacancies on valence stabilities of europium ions in β - Ca_2SiO_4: Eu phosphors[J]. Journal of Luminescence, 2016, 178: 121 - 127.

[100] Fukuda K, Maki I, Ito S, et al. Structure change in strontium oxide-doped dicalcium silicates[J]. Journal of the American Ceramic Society, 1996, 79(10): 2577 - 2581.

[101] Guo P, Wang B, Bauchy M, et al. Misfit stresses caused by atomic size mismatch: the origin of doping-induced destabilization of dicalcium silicate [J]. Crystal Growth & Design, 2016, 16(6): 3124 - 3132.

[102] Durgun E, Manzano H, Pellenq R J M, et al. Understanding and controlling

the reactivity of the calcium silicate phases from first principles[J]. Chemistry of Materials, 2012, 24(7): 1262 - 1267.

[103] Graeve O A, Kanakala R, Madadi A, et al. Luminescence variations in hydroxyapatites doped with Eu^{2+} and Eu^{3+} ions[J]. Biomaterials, 2010, 31 (15): 4259 - 4267.

[104] Sao S K, Brahme N, Bisen D P, et al. Photoluminescence and thermoluminescence properties of Eu^{2+} doped and Eu^{2+}, Dy^{3+} co-doped $Ba_2MgSi_2O_7$ phosphors[J]. Luminescence, 2016, 31(7): 1364 - 1371.

[105] Liu L, Xie R J, Zhang C, et al. Role of fluxes in optimizing the optical properties of $Sr_{0.95}Si_2O_2N_2$: 0.05 Eu^{2+} green-emitting phosphor[J]. Materials, 2013, 6(7): 2862 - 2872.

[106] Tam T T H, Du N V, Kien N D T, et al. Co-precipitation synthesis and optical properties of green-emitting $Ba_2MgSi_2O_7$: Eu^{2+} phosphor[J]. Journal of Luminescence, 2014, 147: 358 - 362.

[107] Huang C H, Chan T S, Liu W R, et al. Crystal structure of blue - white - yellow color-tunable $Ca_4Si_2O_7F_2$: Eu^{2+}, Mn^{2+} phosphor and investigation of color tunability through energy transfer for single-phase white-light near-ultraviolet LEDs[J]. Journal of Materials Chemistry, 2012, 22(38): 20210 - 20216.

[108] Talewar R A, Mahamuda S, Vyas A, et al. Enhancement of 1.54 μm emission in Ce^{3+}-Er^{3+} codoped $Ca_4Si_2O_7F_2$ phosphor [J]. Journal of Alloys and Compounds, 2019, 775: 810 - 817.

[109] Yan M F, Xue L H, Yan Y W. Luminescent properties of a novel red-emitting phosphor $Ca_{1.95}P_2O_7$: 0. 05 Eu^{3+}, B^{3+}, M^+ (M = Li, Na, K) for white light-emitting diodes[J]. Advanced Materials Research, 2013, 634: 2481 - 2484.

[110] Zhang F, Wang Y, Zhang Z, et al. Electronic structure and photoluminescence properties of Eu^{3+}-activated $KMPO_4$ (M = Sr, Ba)[J]. Journal of Materials Research, 2010, 25(5): 842 - 849.

[111] Lin H, Xu A X, Chen G L, et al. Synthesis of a new red long persistent phosphor $Sr_2ZnSi_2O_7$: Eu^{3+}, Lu^{3+} via sol - gel method and investigation of its luminescence[J]. Advanced Materials Research, 2012, 393: 362 - 365.

[112] Yao S, Li Y, Xue L, et al. Synthesis and luminescent properties of a novel red-emitting phosphor $Ba_2ZnSi_2O_7$: Eu^{3+}, B^{3+} for ultraviolet light-emitting diodes [J]. International Journal of Applied Ceramic Technology, 2011, 8(4): 701 - 708.

[113] Lu S, Zhang J, Zhang J. The luminescence of nanoscale $Y_2Si_2O_7$: Eu^{3+} materials[J]. Journal of Nanoscience and Nanotechnology, 2010, 10(3): 2152 - 2155.

[114] Lei F, Sun Y, Liu K, et al. Oxygen vacancies confined in ultrathin indium oxide porous sheets for promoted visible-light water splitting[J]. Journal of the American Chemical Society, 2014, 136(19): 6826 - 6829.

[115] Yatsui T, Imoto T, Mochizuki T, et al. Dressed-photon-phonon (DPP)-assisted visible- and infrared-light water splitting[J]. Scientific Reports, 2014, 4: 4561.

[116] Zhu C, Li C, Zheng M, et al. Plasma-induced oxygen vacancies in ultrathin hematite nanoflakes promoting photoelectrochemical water oxidation[J]. ACS Applied Materials & Interfaces, 2015, 7(40): 22355 - 22363.

[117] Bao J, Zhang X D, Fan B, et al. Ultrathin spinel-structured nanosheets rich in oxygen deficiencies for enhanced electrocatalytic water oxidation [J]. Angewandte Chemie International Edition, 2015, 54(25): 7399 - 7404.

[118] Chen L, Lin C C, Yeh C W, et al. Light converting inorganic phosphors for white light-emitting diodes[J]. Materials, 2010, 3(3): 2172 - 2195.

[119] West A R. Solid state chemistry and its applications[M]. 2nd ed. Chichester: John Wiley & Sons, 2014.

[120] Hagenmuller P. Preparative methods in solid state chemistry[M]. New York: Academic Press, 1972.

[121] Fink E H, Setzer K D, Ramsay D A, et al. A new band spectrum of BiO in the near-infrared region[J]. Chemical Physics Letters, 1991, 179(1 - 2): 103 - 108.

[122] Fink E H, Setzer K D, Ramsay D A, et al. The $X_2 1 \rightarrow X_1 0^+$ electronic band systems of bismuth monohalides in the near infrared[J]. Chemical Physics Letters, 1991, 179(1 - 2): 95 - 102.

[123] Breidohr R, Shestakov O, Fink E H. The $a^3\Sigma^+ (a_1 1) \rightarrow X^1\Sigma^+ (X0^+)$ transitions of BiP, BiAs, and BiSb[J]. Journal of Molecular Spectroscopy, 1994, 168(1): 126 - 135.

[124] Fink E H, Setzer K D, Ramsay D A, et al. High-resolution study of the $X_2 1 \rightarrow X_1 0^+$ fine-structure transition of BiF[J]. Journal of Molecular Spectroscopy, 1996, 178(2): 143 - 156.

[125] 刘孟. 拓扑反应合成超导体 $Ba_{1-x}K_xBi_{1-y}Sb_yO_3$[J]. 辽宁化工, 2014(9): 1125 - 1126.

[126] 何冰. 石墨烯的制备、表征及其性能的研究[D]. 北京:北京化工大学, 2014.

[127] 杨贤锋,赵丰华,田俐,等. 无机微纳光电材料的拓扑控制制备[C]. 颗粒学最新进展研讨会暨第十届全国颗粒制备与处理研讨会,昆明,2011 - 11 - 05.

[128] Zhang K, Ma C G, Zhang J Y, et al. Giant enhancement of luminescence from phosphors through oxygen-vacancy-mediated chemical pressure relaxation [J]. Advanced Optical Materials, 2017, 5(20): 1700448.

[129] Hou J, Jiang W, Fang Y, et al. Red, green and blue emissions coexistence in white-light-emitting $Ca_{11}(SiO_4)_4(BO_3)_2$: Ce^{3+}, Eu^{2+}, Eu^{3+} phosphor[J]. Journal of Materials Chemistry C, 2013, 1(37): 5892 - 5898.

[130] Deng T T, Song E H, Zhou Y Y, et al. Stable narrowband red phosphor K_3GaF_6: Mn^{4+} derived from hydrous $K_2GaF_5(H_2O)$ and K_2MnF_6[J]. Journal of Materials Chemistry C, 2017, 5(37): 9588 - 9596.

[131] Li W, Zhang H, Chen S, et al. Preparation and properties of carbon dot-grafted $CaAl_{12}O_{19}$: Mn^{4+} color-tunable hybrid phosphor[J]. Advanced Optical Materials, 2016, 4(3): 427 - 434.

[132] Li Y, Xiao Z, Xu L, et al. Fluorescence enhancement mechanism in phosphor $CaAl_{12}O_{19}$: Mn^{4+} modified with alkali-chloride[J]. Micro & Nano Letters, 2013, 8(5): 254 - 257.

[133] Liu Z, Yuwen M, Liu J, et al. Electrospinning, optical properties and white LED applications of one-dimensional $CaAl_{12}O_{19}$: Mn^{4+} nanofiber phosphors [J]. Ceramics International, 2017, 43(7): 5674 - 5679.

[134] Murata T, Tanoue T, Iwasaki M, et al. Fluorescence properties of Mn^{4+} in $CaAl_{12}O_{19}$ compounds as red-emitting phosphor for white LED[J]. Journal of Luminescence, 2005, 114(3 - 4): 207 - 212.

[135] Hu G, Hu X, Chen W, et al. Luminescence properties and thermal stability of red phosphor Mg_2TiO_4: Mn^{4+} additional Zn^{2+} sensitization for warm W-LEDs [J]. Materials Research Bulletin, 2017, 95: 277 - 284.

[136] Wu X X, Feng W L, Zheng W C. Studies of the *g* factor and optical spectra for $CaZrO_3$: Mn^{4+} crystal[J]. Guang Pu Xue Yu Guang Pu Fen Xi = Guang pu, 2008, 28(8): 1705 - 1707.

[137] Warren K J, Scheffe J R. Role of surface oxygen vacancy concentration on the dissociation of methane over nonstoichiometric ceria[J]. The Journal of Physical Chemistry C, 2019, 123(21): 13208 - 13218.

[138] Chen D, Zhou Y, Zhong J. A review on Mn^{4+} activators in solids for warm white light-emitting diodes[J]. RSC Advances, 2016, 6(89): 86285 - 86296.

[139] Jiang G, Yang B, Zhao G, et al. High quantum efficiency far red emission from double perovskite structured $CaLaMgMO_6$: Mn^{4+} (M = Nb, Ta) phosphor for UV-based light emitting diodes application[J]. Optical Materials, 2018, 83: 93 - 98.

[140] Shpak A P, Korduban A M, Medvedskij M M, et al. XPS studies of active elements surface of gas sensors based on WO_{3-x} nanoparticles[J]. Journal of Electron Spectroscopy and Related Phenomena, 2007, 156: 172 - 175.

附录　彩　图

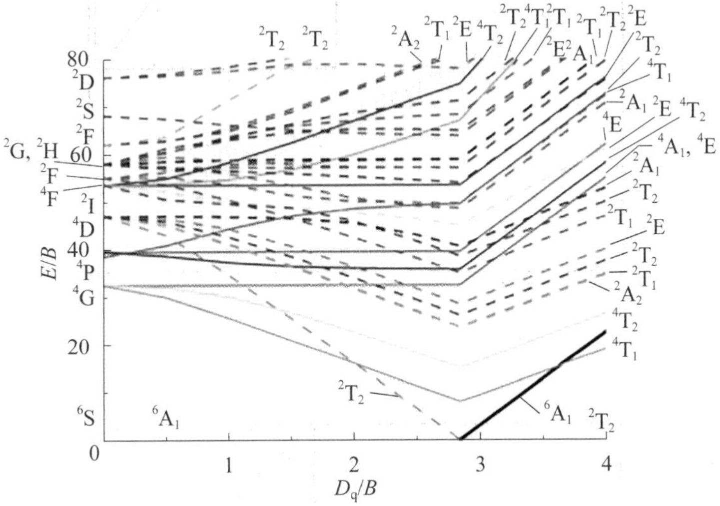

图 1-12　d^5 电子构型在八面体晶体场中的 Tanabe-Sugano 图

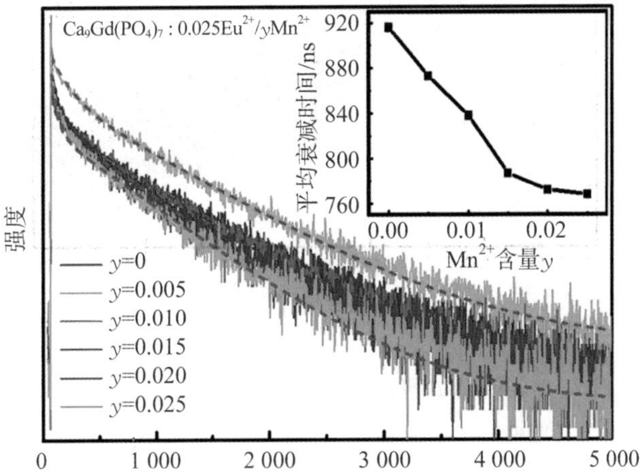

图 2-4　CGP:$0.025Eu^{2+}/yMn^{2+}$($y=0\sim0.025$)中 Eu^{2+} 的 PL 衰减曲线

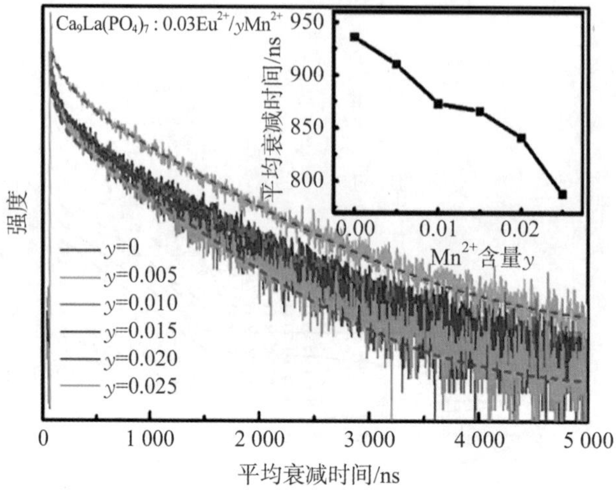

(a)

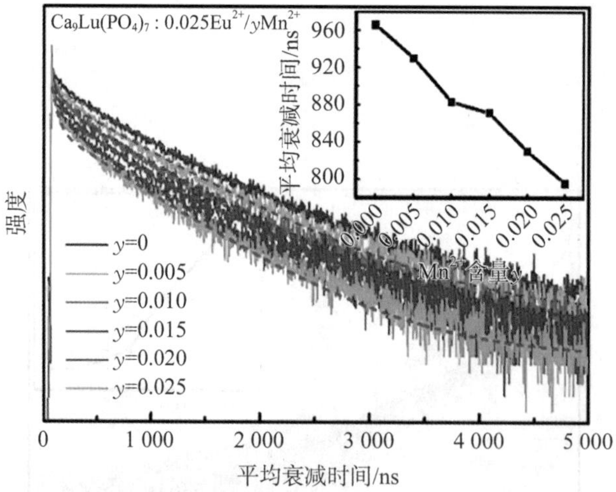

(b)

图 2-5 Eu^{2+}的平均衰减时间与Mn^{2+}含量之间的关系

(a) CLP: $0.03Eu^{2+}/yMn^{2+}$ ($y = 0 \sim 0.025$) 中 Eu^{2+} 的 PL 衰减曲线；(b) Eu^{2+} 在 CLuP: $0.025Eu^{2+}/yMn^{2+}$ ($y = 0 \sim 0.025$) 中的 PL 衰减曲线

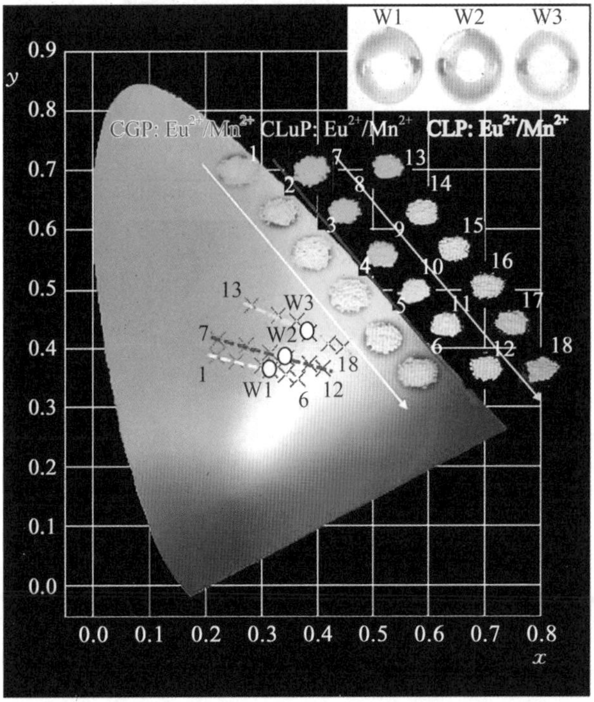

图 2-9　在 340 nm 激发下 $Ca_9Ln(PO_4)_7:Eu^{2+}/Mn^{2+}$-Al ($Ln$=Gd,Lu,La)荧光粉的 CIE 色度坐标

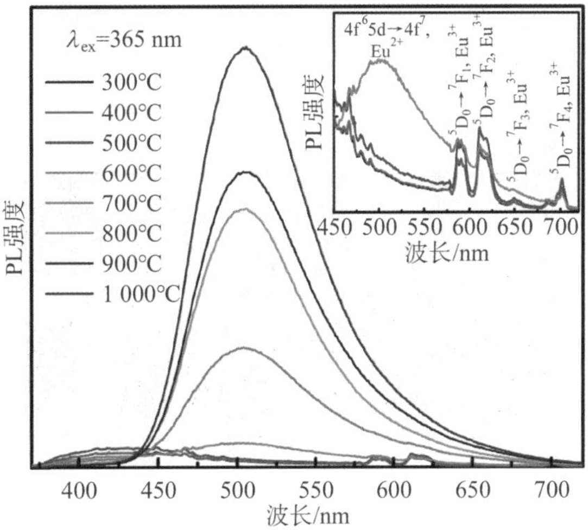

图 3-10　不同反应温度的 CSB:0.005Eu 样品的光致发光图谱

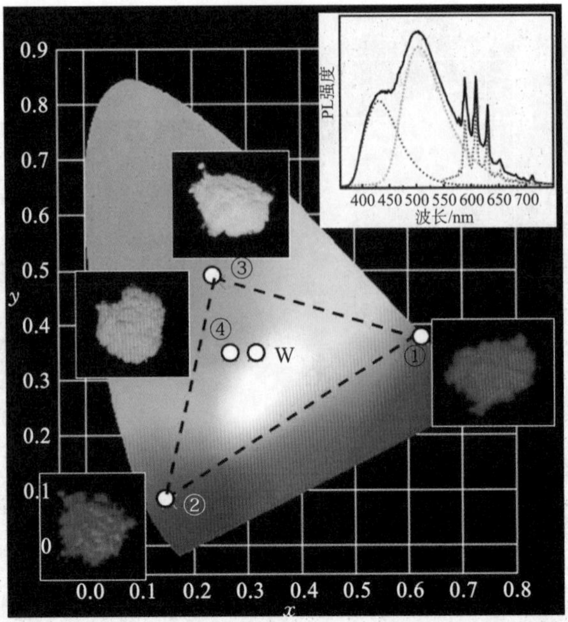

图 3-14 700℃下，① CSB:0.02Ce^{3+} (λ_{ex} = 353 nm)、② CSB:0.005Eu^{2+} (λ_{ex} = 365 nm)、③ CSB:0.02Eu^{3+} (λ_{ex} = 394 nm) 和④ Al-Re CSB:0.02Ce/0.005Eu(λ_{ex} = 353 nm)样品的 1931 年 CIE 色度坐标

1—CSB:0.02Eu^{3+}；2—CSB:0.02Ce^{3+}；3—CSB:0.005Eu^{2+}；4—CSB:0.02Ce/0.005Eu。

图 3-15 20 mA 电流驱动下使用 365 nm 紫外芯片组装的荧光转换 LED 器件

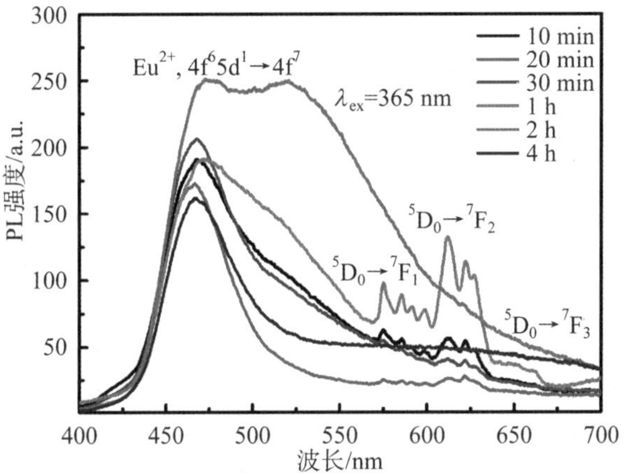

图 4－3　$Ca_2Si_4O_7F_2$:0.05Eu^{2+} / Eu^{3+} 荧光粉不同还原时间下的发射光谱(λ_{ex} = 365 nm)

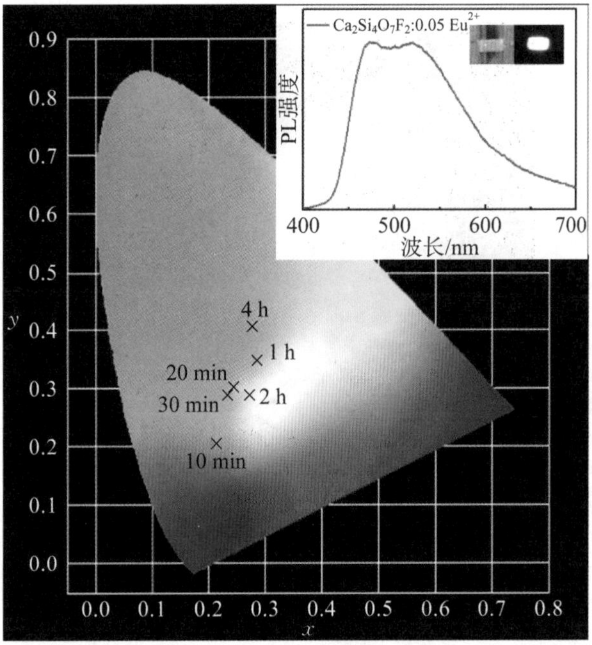

图 4－8　不同还原时间下 CSOF:0.05Eu^{2+} 荧光粉的 CIE 色度坐标

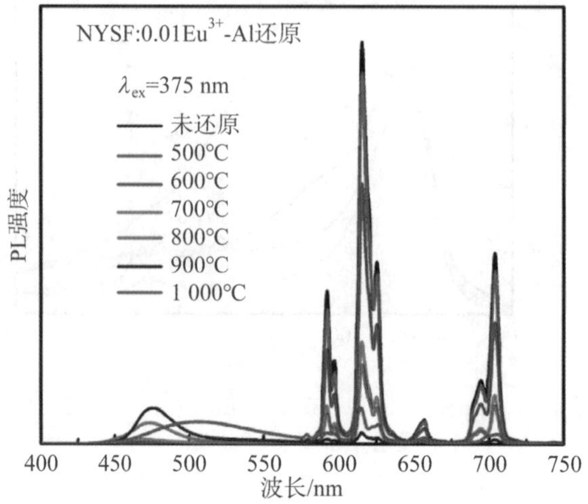

(a)

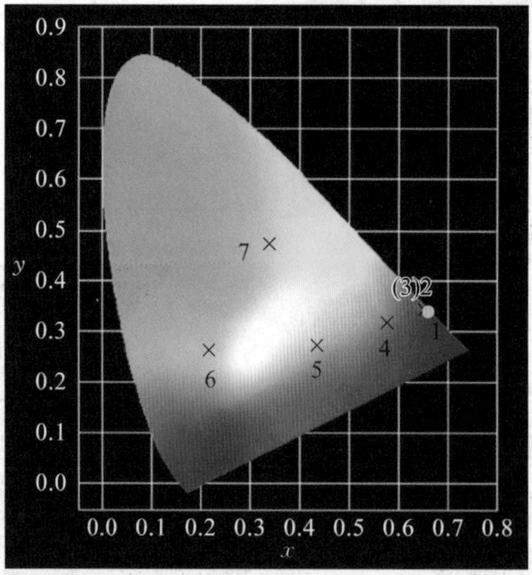

(b)

图 5-3　激发波长为 375 nm 下样品的发射光谱和色度坐标

(a) NYSF:0.01Eu^{2+}/Eu^{3+}的发射光谱；(b) 色度坐标[1—未还原(●)；2—500℃(×)；3—600℃(×)；4—700℃(×)；5—800℃(×)；6—900℃(×)；7—1 000℃(×)]

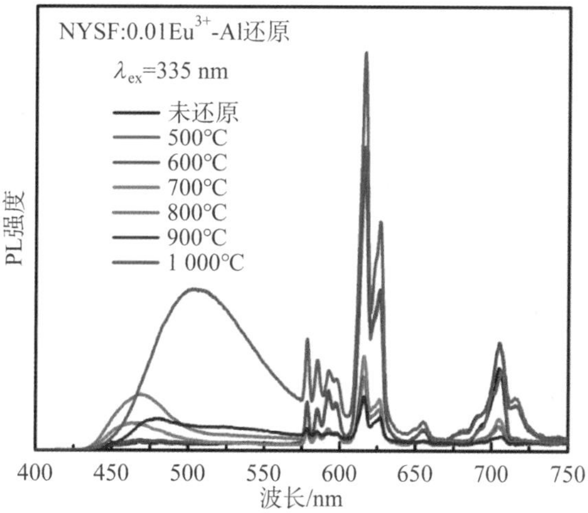

(a)

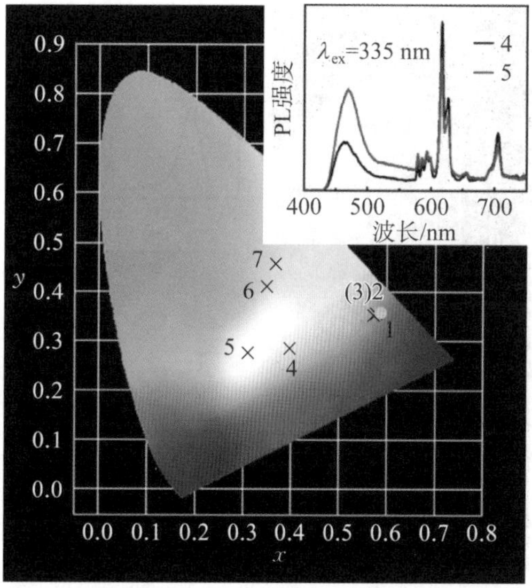

(b)

图 5-4　激发波长为 375 nm 下样品的发射光谱和色度坐标

(a) NYSF：0.01Eu^{2+}/Eu^{3+}的发射光谱；(b) 色度坐标[1—未还原(●)；2—500℃(×)；3—600℃(×)；4—700℃(×)；5—800℃(×)；6—900℃(×)；7—1 000℃(×)]

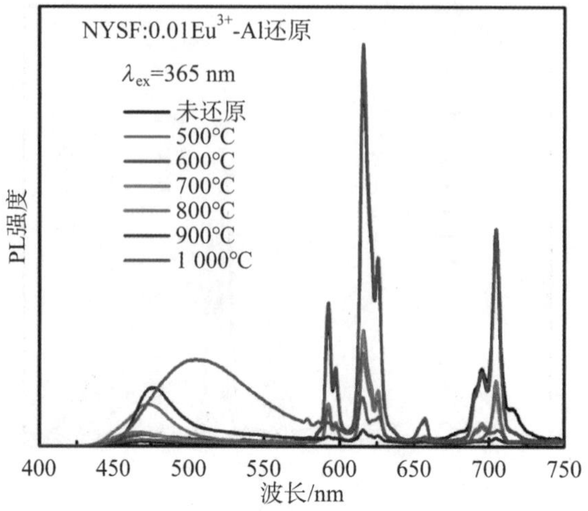

(a)

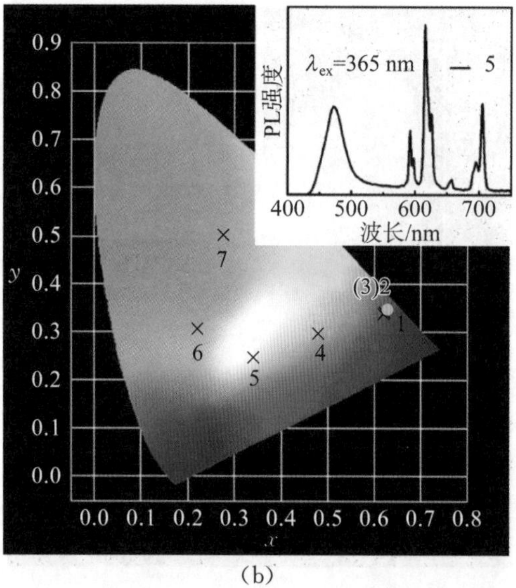

(b)

图 5-5 激发波长为 365 nm 下样品的发射光谱和色度坐标

(a) NYSF:0.01Eu^{2+}/Eu^{3+}的发射光谱；(b) 色度坐标[1—未还原(●)；2—500℃(×)；3—600℃(×)；4—700℃(×)；5—800℃(×)；6—900℃(×)；7—1 000℃(×)]

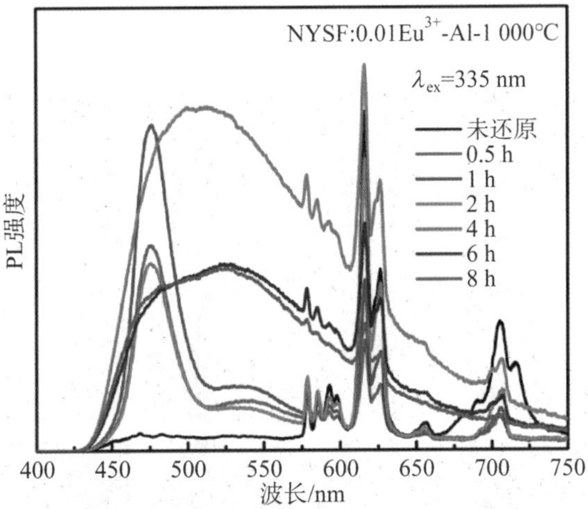

(a)

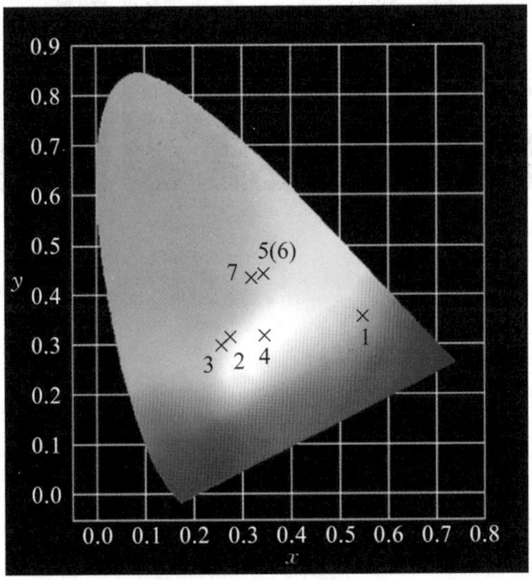

(b)

图 5-6 激发波长为 335 nm 下样品的发射光谱和色度坐标

(a) NYSF:0.01Eu^{2+}/Eu^{3+}的发射光谱;(b) 色度坐标(1—未还原;2—0.5 h;3—1 h;4—2 h;5—4 h;6—6 h;7—8 h)

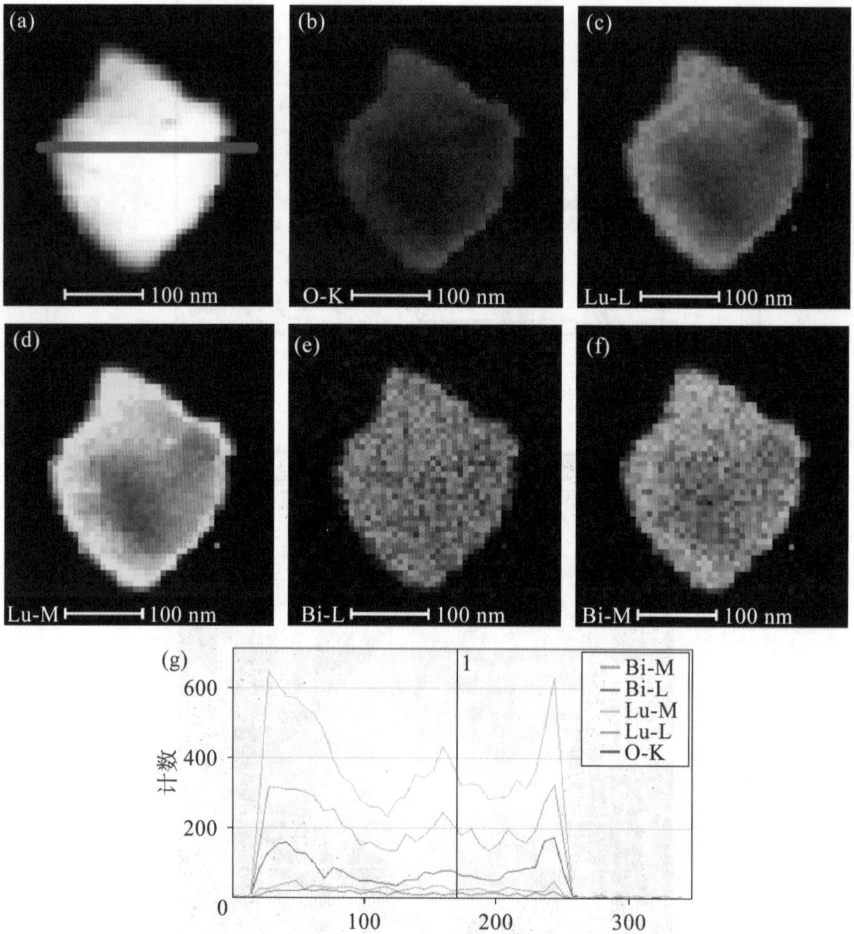

图 6-4 TEM 元素分布图及光谱图

(a)～(f) TEM 下 O、Lu、Bi 元素的分布图；(g) 沿着图(a)中红线绘制的光谱

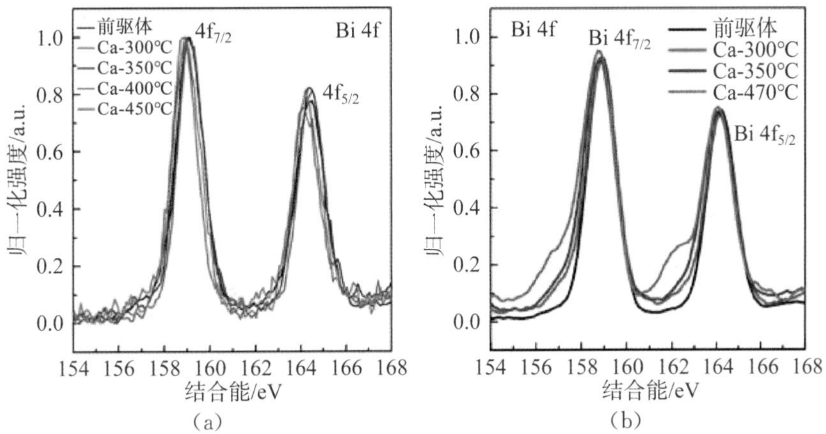

图 6-7　各样品中 Bi 的 4f 壳层 XPS 图

(a) Lu_2O_3:0.5%Bi;(b) Sc_2O_3:0.5%Bi

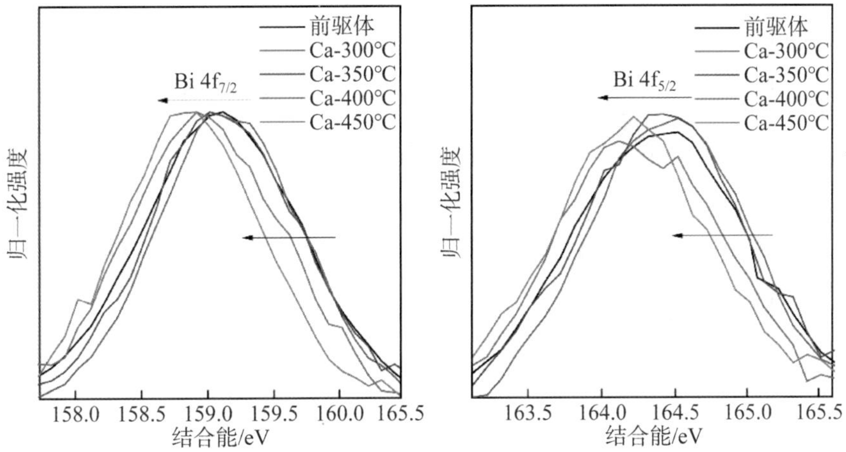

图 6-8　Lu_2O_3:0.5%Bi 前驱体和氧缺陷相的放大的 Bi 4f 壳层 XPS 图

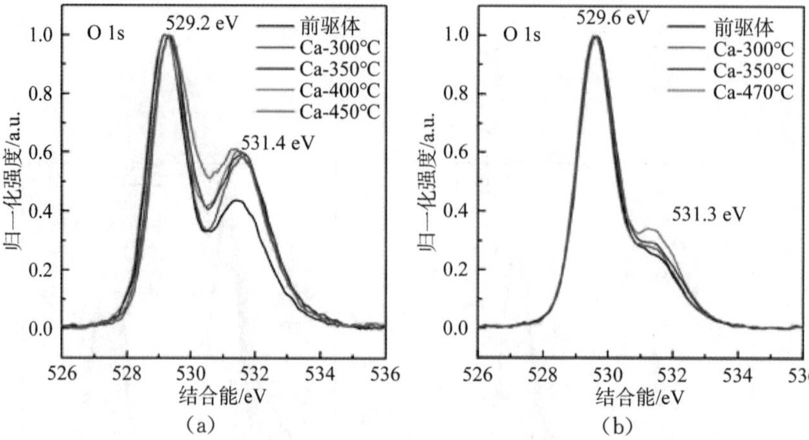

图 6-9 各样品的 O 1s 壳层 XPS 图

(a) Lu_2O_3:0.5%Bi;(b) Sc_2O_3:0.5%Bi

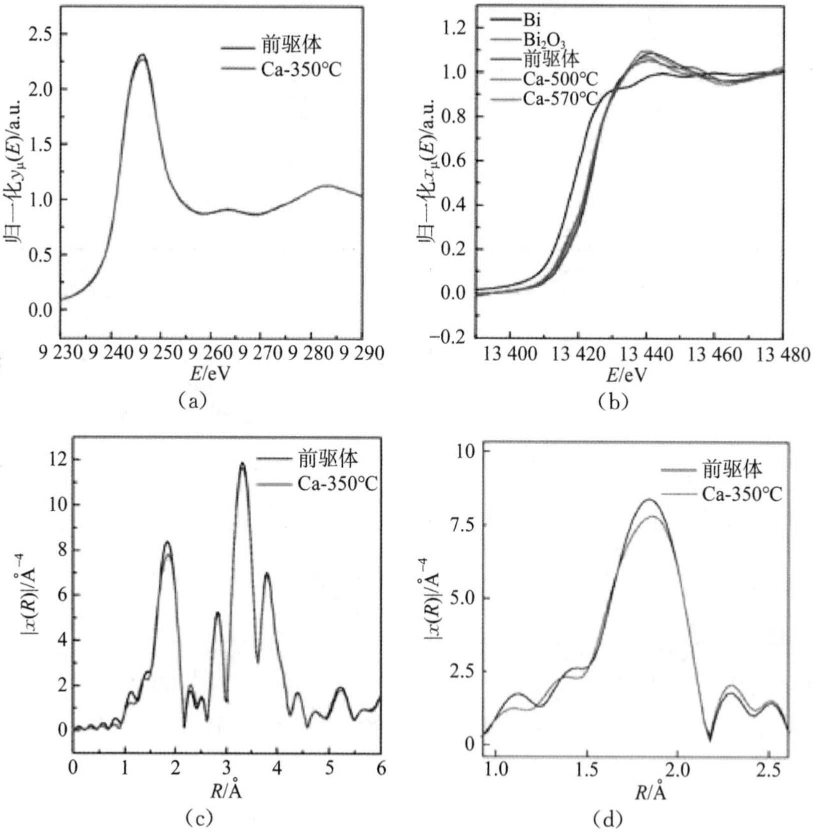

图 6-11 X 射线吸收光谱分析

(a) Lu_2O_3:0.5%Bi 前驱体和 Ca-350℃样品的 Lu $L_Ⅲ$ 边 XANES 光谱;(b) Sc_2O_3:0.5%Bi 前驱体和氧缺陷相的 Bi $L_Ⅲ$ 边 XANES 光谱;(c) Lu_2O_3:0.5%Bi 前驱体和 Ca-350℃样品 EXAFS 光谱的 FT;(d) Lu_2O_3:0.5%Bi 前驱体和 Ca-350℃样品 FT 部分的放大图

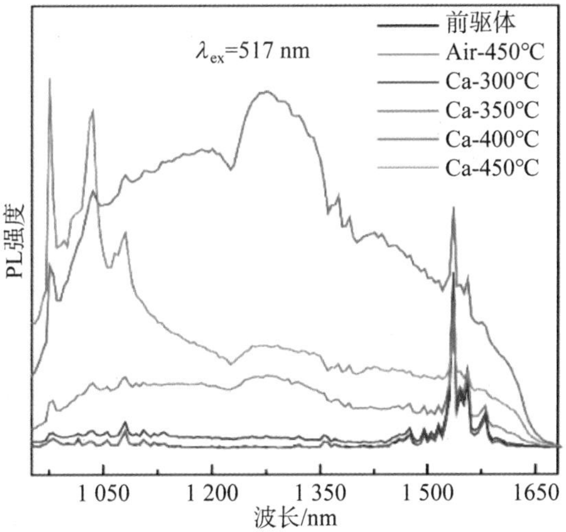

图 6-14 Lu_2O_3:0.5%Bi 前驱体和处理后的样品在激发波长为 517 nm 处的近红外区域 PL 强度

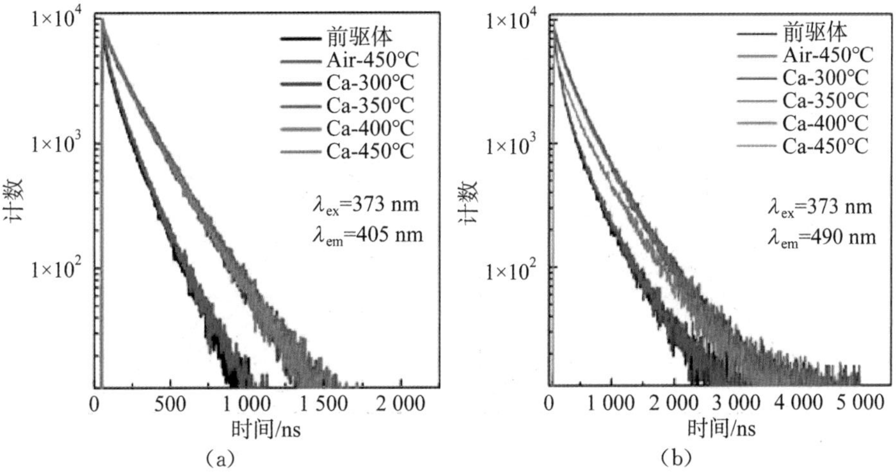

图 6-15 Lu_2O_3:0.5%Bi 的前驱体和处理后的样品

(a) 在 373 nm 脉冲光的激发下监测 405 nm 处的衰变曲线；(b) 在 373 nm 脉冲光的激发下监测 490 nm 处的衰变曲线

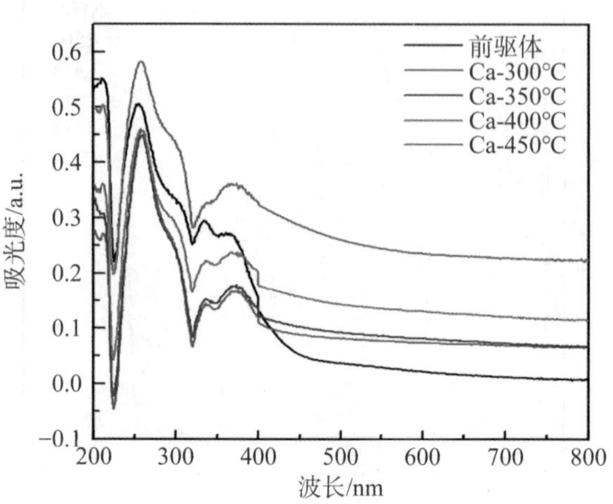

图 6-16 Lu_2O_3:0.5%Bi 前驱体和氧缺陷相样品的紫外可见吸收光谱

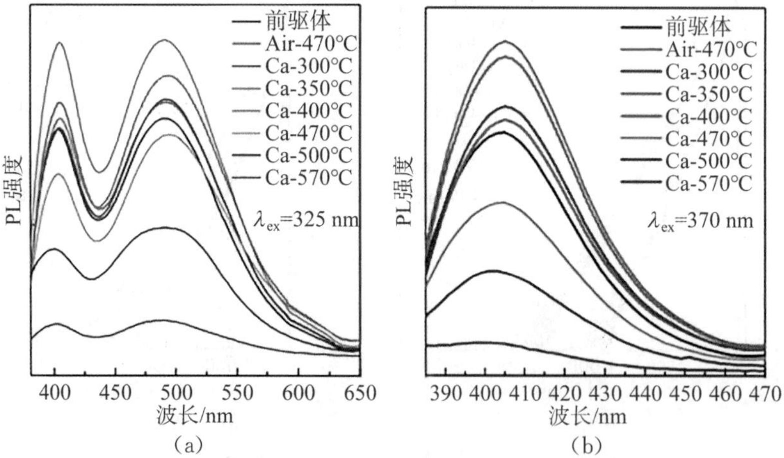

图 6-17 Sc_2O_3:0.5%Bi 前驱体和处理后样品在不同激发下的可见区域 PL 强度

(a) 激发波长为 325 nm;(b) 激发波长为 370 nm

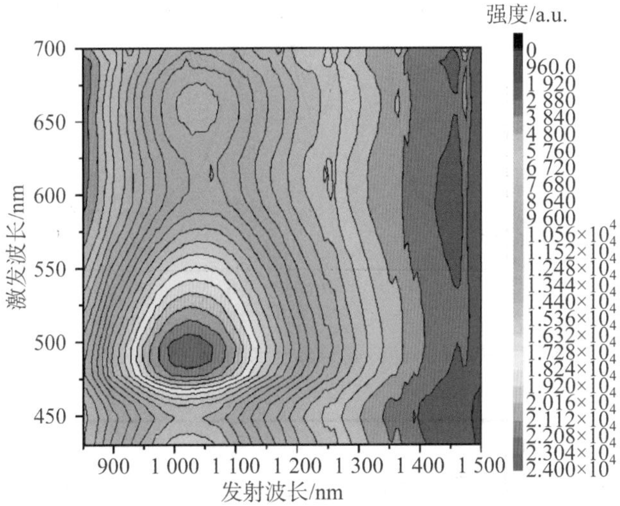

图 7－6　S12 样品的二维激发和发射光谱

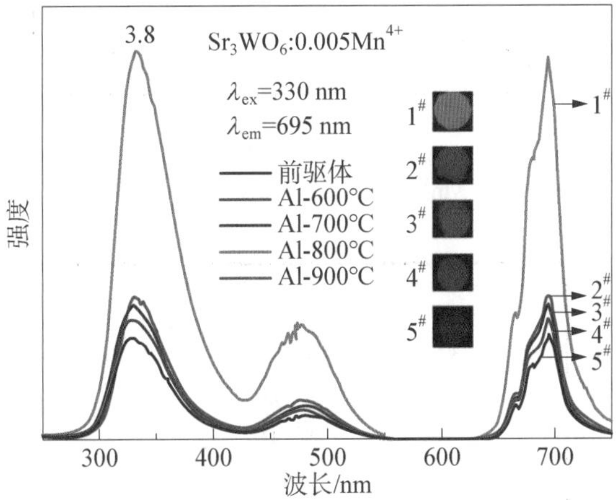

图 8－4　SWO：Mn^{4+} 荧光粉样品在不同 Al 还原条件下的激发和发射光谱

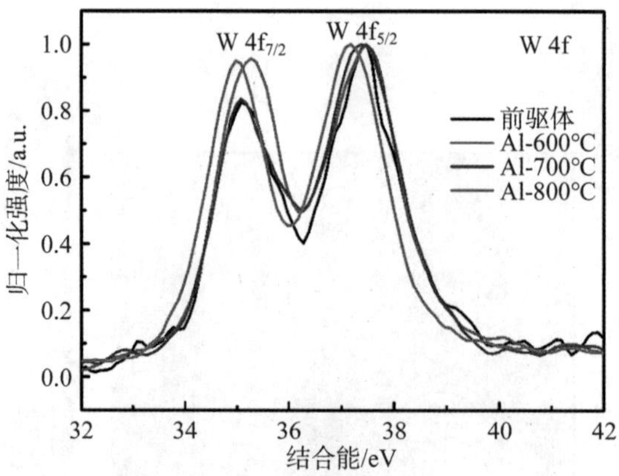

图 8-5 SWO:Mn^{4+} 还原前后各样品的 W 4f 壳层的 XPS 能谱

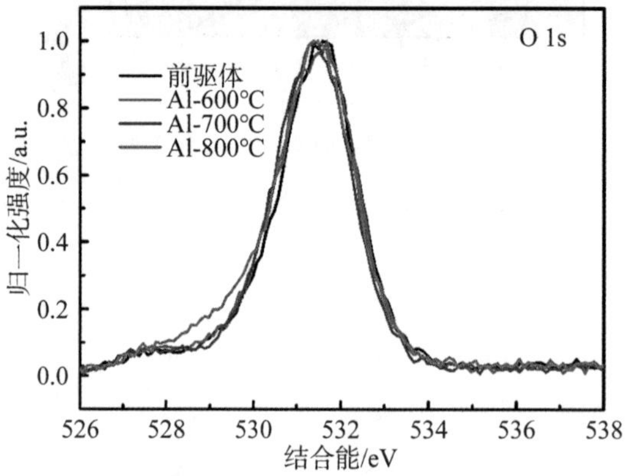

图 8-6 SWO:Mn^{4+} 各样品还原前后的 O 1s 壳层的 XPS 图

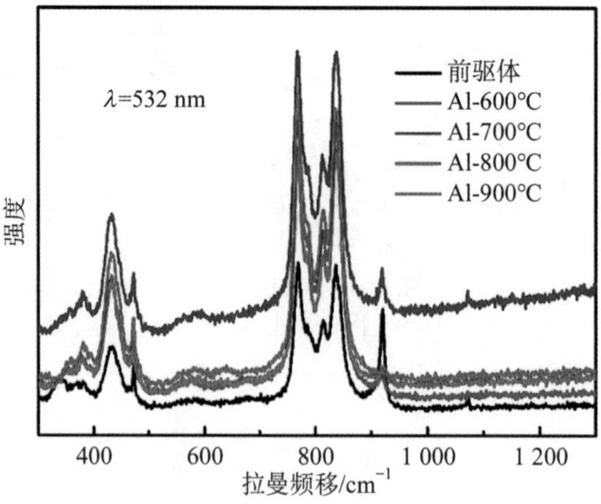

图 8-7 SWO:Mn^{4+} 各样品的拉曼光谱

索引